ACESのワークフローが理解できる
カラーマネジメントガイド

色の原則、カラーマネジメントの基本、色空間、HDR

ヴィクター・ペレス

Copyright © 2024 Victor Perez
All Rights Reserved.

Authorised translation from the English language edition published by
Routledge, a member of the Taylor & Francis Group LLC,
through Japan UNI Agency, Inc., Tokyo

■　ご注意
本書は著作権上の保護を受けています。論評目的の抜粋や引用を除いて、著作権者および出版社の承諾なしに複写することはできません。
本書やその一部の複写作成は個人使用目的以外のいかなる理由であれ、著作権法違反になります。
■　責任と保証の制限
本書の著者、編集者、翻訳者および出版社は、本書を作成するにあたり最大限の努力をしました。但し、本書の内容に関して明示、非明示に関わらず、いかなる保証も致しません。本書の内容、それによって得られた成果の利用に関して、または、その結果として生じた偶発的、間接的損傷に関して一切の責任を負いません。
■　商標
本書に記載されている製品名、会社名は、それぞれ各社の商標または登録商標です。本書では、商標を所有する会社や組織の一覧を明示すること、または商標名を記載するたびに商標記号を挿入することは特別な場合を除き行っていません。本書は、商標名を編集上の目的だけで使用しています。商標所有者の利益は厳守されており、商標の権利を侵害する意図は全くありません。

私の人生のすべての色彩に捧げます。赤、緑、青、そしてジェームズ（息子）。

目次

本書について	viii
前書き	ix
はじめに	xi
謝辞	xiv

Section I　光学と色の知覚　1

1　光学の要素　3

光	3
色の知覚	5
光をとらえる	11
センシトメトリー	12
色をとらえる	16
Technicolor トライパック	16
Kodak コダクローム	17
色温度	18
粒子サイズとフィルム感度	20
フィルム vs デジタルシネマ	21
CCD	22
CMOS	23
CCD vs CMOS	23
センサーフィルターアレイ	24
ベイヤーパターン	25
輝度 vs 彩度	27
クロマサブサンプリング	28
ビジュアルエフェクトにおけるクロマサブサンプリングのアーティファクト	31

2　デジタルカラー操作の要素　35

カラーデータ	35
浮動小数点	41
半精度浮動小数点数（ハーフフロート）	43
正規化	44
リニア	45
色の操作	49
ディスプレイ参照のカラー演算	52
リニア vs 対数	55
指数、ルート、対数	57

log-to-lin および lin-to-log の計算	58
Cineon	58
VFX でよく使用されるファイル形式	59
Cineon Log ファイル（.cin）	59
正規化におけるビット深度と明るさの数列の対応	60
非破壊カラーワークフローにおける可逆性	66
DPX：Digital Picture Exchange ファイル形式（.dpx）	66
TIFF：Tagged Image File Format（.tif/.tiff）	67
OpenEXR：Open Source Extended Dynamic Range Image ファイル形式（.exr）	67
画像圧縮：ロスレス vs ロッシー	68
よく使用されるその他のファイル形式	71
JPEG：Joint Photographic Experts Group（.jpg/.jpeg）	71
PNG：Portable Network Graphics（.png）	71
動画圧縮：フレーム間符号化	71
VFX ポストプロダクションに重要なコーデック	73
QuickTime（.mov）	75
MXF：Material Exchange Format（.mxf）	79
その他の関連する画像ファイル形式	80
PSD：Photoshop Documents（.psd）	80
HDR：High Dynamic Range Raster Image（.hdr）	80
PIC：Pictor Raster Image	80
SGI：Silicon Graphics Image（.sgi）	80
TARGA：Truevision Advanced Raster Graphics Adapter（.tga, .icb, .vda, .vst）	81
XPM：X PixMap（.xpm）	81
YUV：輝度（Y）- 彩度（UV）エンコードビデオ／画像ファイル（.yuv）	81
GIF：Graphics Interchange Format（.gif）	81
ディスプレイのホワイトバランス	82
モニターの種類	84
入力プロセスとビューアープロセス	85
Nuke の入力プロセス	86

Section II　カラーマネジメント … 91

3　カラーマネジメントの重要性 … 93

4　色空間を理解する … 97

カラーモデル	97
可視光線	98
CIE（国際照明委員会）xy 色度図	100
色域	103
ホワイトポイント	108
原色	111
伝達関数	114

ルックアップテーブル 116

精度と補間 120

ディスプレイ参照のワークフロー 126

シーン参照ワークフロー 128

ディスプレイ参照ワークフローvsシーン参照ワークフロー 133

RGB色空間の主な要素 134

Section III　ハイダイナミックレンジ（HDR） 137

5　シーンとディスプレイの色空間 139

シーンとディスプレイの色空間 140

伝達関数の種類 142

6　カラーボリューム 143

カラーサンプル 143

色密度 143

ビット深度（色深度） 146

ビットと色 148

リニアvs対数 150

Nukeワークスペースのビット深度（色深度） 153

Nukeのネイティブカラーワーキングスペース 153

RGB密度 159

ディスプレイのカラーボリューム 160

7　HDR 163

HDRに関する基準 163

ビデオ形式 169

HDR10メディアプロファイル 169

ハイブリッド・ログ＝ガンマ 170

ドルビービジョン 171

HDR10+ 171

HDR向け電光伝達関数（EOTF） 171

知覚量子化器（PQ：Perceptual Quantizer） 172

ハイブリッド・ログ＝ガンマEOTF 172

BT.1886 172

HDRテレビvs HDRシネマ 172

原色 173

ラッパー 173

伝達関数 174

ホワイトポイント 174

ピーク輝度 174

最小輝度（黒） 174

コントラスト比 174

輝度レベル	175
ビット深度	175
メタデータ	175
PQ EOTF	176
トーンマッピング	179
HDR信号値	180

Section IV ACES（アカデミーカラーエンコーディングシステム）の ワークフロー ... 183

8 ACES ... 185

将来を見据えたカラーマネジメントシステム	185
解像度	186
フレームレート	186
色域	186
ビット深度	186
ダイナミックレンジ	186
ACESの規格：ST 2065ファミリー	187
ACESのワーキングスペースの規格	187
OpenColorIO	188
VFXに重点を置いたACES色空間	189
ACES準拠のEXR	191
ACES準拠のOpenEXRの主な仕様	192

9 ACESの色変換 ... 195

入力デバイス変換（IDT：Input Device Transform）	196
参照レンダリング変換（RRT：Reference Rendering Transform）	197
出力デバイス変換（ODT：Output Device Transform）	198
全米撮影監督協会（ASC）のカラーディシジョンリスト	199
スロープ	200
オフセット	200
パワー	201
サチュレーション	202
ASC CDLのファイル形式	202
ルック修正変換	203

10 ACESのシーン参照VFXワークフローの例 ... 207

Nukeを使用したエンドツーエンドのACESカラーマネジメントワークフロー	208
DaVinci Resolveを使用したACESカラーマネジメントワークフロー	215
索引	221

本書について

本書はハイダイナミックレンジ（HDR）の最新規格とアカデミーカラーエンコーディングシステム（ACES）のワークフローを探求した、理解しやすく、幅広く応用可能なリソースとなっています。アーティストがカラーマネジメントとその科学的知識に精通し、自信を持てること、そしてVFXの品質を向上させることができます。

前知識なしに読み始めても、カラーワークフローのすべての要素を科学的に詳説していますので、読者が一から理解できるようになっています。カメラからスクリーンまで、ビジュアルエフェクト内外のほかの部門と関連付けながら、一貫したパイプラインのセットアップ方法を説明するので、全員が同じ基準に従い、エンドツーエンドで創作意図を保ちながら、色の品質と一貫性を維持できます。また、色彩理論からデジタル画像の基本まで、カラーマネジメントに不可欠な概念についても掘り下げます。

最新のHDRおよびACESパイプラインについて知りたいVFXを学びたい方、およびプロフェッショナルだけでなく、ビジュアルエフェクトプロジェクトにおけるカラーマネジメントについて理解を深めたいあらゆるレベルのプロダクション関係者に役立てていただける1冊となっています。

ヴィクター・ペレスは、映画監督、脚本家、VFXアーティストとして、合わせて25年以上の経験を持ち、数々の賞を受賞してきました。クリストファー・ノーラン（Christopher Nolan）監督の**「ダークナイト ライジング」**（原題：The Dark Knight Rises）や、**「ローグ・ワン／スター・ウォーズ・ストーリー」**（原題：Rogue One: A Star Wars Story）、**「ハリー・ポッターと死の秘宝」**（原題：Harry Potter and the Deathly Hallows）（Part1およびPart2）など、多くのハリウッド作品に参加しています。**「インビジブル・ユース　ニュージェネレーション」**（原題：Il ragazzo invisibile: Seconda generazione）ではVFXスーパーバイザーとして優れた業績を収め、ダヴィッド・ディ・ドナテッロ賞を受賞しました。

前書き

カラーマネジメントとビジュアルエフェクトの関係はこじれがちですが、それは誤解と誤った情報が氾濫しているせいです。ハンマーを使って、ジグソーパズルのピースをはめようとしているような気持ちになることもあります。こういった難しい関係を修復するには、優れた戦略を立てなくてはなりません。カラーマネジメントに取り組むのが怖かったり、ベイヤーパターン、クロマサブサンプリング、リニアワークスペース、DPX、EXRなどの用語にドギマギしたり、ACESパイプラインの仕組みを理解していないのであれば、本書こそがあなたにふさわしい1冊です。色の原則、カラーマネジメント、いつだって謎めいたACESワークフローの難解な性質を、ヴィクター・ペレスがかみ砕いて説明します。複雑なトピックをわかりやすく整理して、すべてのビジュアルエフェクトアーティストが簡単に理解できるように、「実用に適した」方法と専門用語を紹介します。言い換えると、これはアーティストがアーティストのために書いた本です。ビジュアルエフェクト業界におけるカラーマネジメントの謎を解き明かし、親しみやすいものにすることが狙いです。

私がVFX業界に入った1999年にこの本があれば、どれほど助かっていたでしょう。当時は、YouTubeやオンラインコミュニティなど、アーティストが経験やアイデアを共有できる場は一切なく、試行錯誤を繰り返しながらほぼ独学でVFXを学ぶしかありませんでした。うまくいったことも多いですが、行き詰まってフラストレーションがたまることも少なくありませんでした。情報が簡単には手に入らなかったので、長い時間をかけて実験したり、当て推量で色空間をコントロールしたり、プロジェクトの納品形式を決めたりしていました。私がThe Mill LondonでNuke部門の部長としてカラーパイプラインを構築したときも、本書のような貴重なリソースがあれば状況はまったく違っていたと思います。ほかの部門の責任者たちとともに、会社のカラーパイプラインの構築に取り組みました。ソースの取り込み、コンフォーム、CG、合成、グレーディングや納品などに、どの色空間、ファイル形式、処理を使用するのかを定義しました。しかし正直なところ、カラーパイプラインの構築は簡単ではありません。数えきれないほどの会議を行い、果てしなく実験を繰り返しましたが、クライアントのプロジェクトで忙しすぎて、適切かつ効率的なパイプラインの設定に深く踏み込む時間はありませんでした。しかし最終的には、おそらくほとんどの会社と同じように、強引に事を進めて、それなりの結果に到達することができました。

完全なカラーパイプラインを理解することなしに、説得力のあるVFXを作成することはできませんが、問題は「**どこから始めればよいか**」です。通常、プロダクションの最中に学習したり実験する時間はありません。自分たちは適切な色空間を選択した、カラリストやDITから提供されたLUTは正確だと信じて、仕事を進めることもあります。プロジェクトに対して正しい仕様であると確信できる方法は、これ以外にないのです。プロジェクトのさまざまな要素を理解しようと試みても、色については運任せのゲームのように扱いがちです。当たりくじを引けるかどうかはまったくわかりません。そうしてしまうのは、私たちが正確かつ十分な知識を持っていないからです（なかなか認めてもらえませんが）。色について話したがらず、それに十分な時間を割かない人もいます。試しにビジュアルエフェクトの会議で「カラーマネジメント」に触れ、どうなるか見てみてください！

学生からよくこんな質問を受けます。「優秀なVFXアーティストなるにはどうしたらいいですか？何から始めたらいいですか？　Nuke、Fusion、After Effects、Natronを学ぶべきですか？　それともすべて飛ばして

Unreal Engineだけ学ぶ方がいいですか?」私はいつもこう答えます。ソフトウェアだけに集中してはいけません。写真、色、カメラ、レンズ、合成、光について学ぶことで、コアスキルを磨きましょう。そして画面に映るものだけでなく、外に出て、写真を撮り、現実の世界を体験してください!

問題点の1つとして挙げられるのは、キャリアを開始したアーティストのほとんどが、特定のソフトウェアのショートカットを学ぶことにこだわり、それが素晴らしいVFXショットをつくる決め手になると考えていることです。しかし、そうではありません。見栄えの良い画像をつくるには、そもそも実際の画像がどのようなものなのかを知っておかねばなりません。また、プロダクションパイプラインで全体像を見ていないこともよくあります。撮影方法、使用された色空間、ショット完成後のファイル形式について完全に理解しないまま、1つのVFXショットに集中しすぎるのです。これでは最終的に混乱が生じますし、ビジュアルエフェクト処理全体の理解不足にもつながります。では、カラーパイプラインをもっと理解することができたらどうでしょうか?

本書では、ソフトウェアに依存しないカラーマネジメントパイプラインを理解および構築するための、アドバイスとツールを提供します。「依存しない」という言葉に注目してください。重要なのは、カラーマネジメントと色空間は1つのソフトウェアだけに属するものではないということです。それはシステムであり、パイプラインです。カメラで撮影を始めたときから、最終的なグレーディング、納品まで、すべての処理に存在します。本書の強みの1つは、単なる科学的または学術的なテキストではないことです。実際のプロダクション環境で使用できる実用書を目指しています。ヴィクターは現役のプロフェッショナルとして業界で活躍していますが、それはつまり、研究者であると同時に、ビジュアルエフェクトアーティスト、映画制作者、そしてストーリーテラーでもあるということです。誤解しないでください。科学書がいけないと言っているのではありません。素晴らしいビジュアルエフェクトの多くは、芸術と科学を組み合わせたものであることを知ってほしいだけです。ここ15年でアカデミー最優秀視覚効果賞を受賞した作品をいくつか挙げてみましょう。「エクス・マキナ」(原題:Ex Machina)、「ファースト・マン」(原題:First Man)、「インターステラー」(原題:Interstellar)、「ゼロ・グラビティ」(原題:Gravity)、「TENET テネット」(原題:Tenet)、「DUNE／デューン 砂の惑星」(原題:Dune)、「アバター」(原題:Avatar)。これらの作品は実用、デジタル、技術、芸術の共生を実現することで、芸術的にも技術的にも偉業を成し遂げていることに、異論を唱える人はいないでしょう。

私の見るところ、VFXアーティストはたいてい2つのグループに分かれます。1つは、「物理的に正確」なグループ。この人たちは、たとえばシーンで3Dオブジェクトを動かすのに、ターミナルのコマンドプロンプトを使います。適切なターミナルコマンドに何も問題はありませんが、やや複雑になりすぎることがあります。もう1つのグループは「アーティスト」。3Dオブジェクトをあちこち動かしたり、ぼかしたり、揺らしたりします。また**ガッファーテープ**を使って、本物らしく見せたりもします(オブジェクトの裏側は見せません!)。この**ガッファーテープ**にも、やはり問題はありません。むしろ大ヒット映画のほとんどは、この古典的な方法に助けられてきました。ポスプロで修正? 私なら「ガッファーテープで直せ!」です(まあ、言いたいことはおわかりでしょう……)。最初の方法は、少し複雑すぎて創造性を発揮できない可能性があります。一方の2つ目の方法は、構造やプロシージャルな技法に欠けています。いずれも間違いではなく、どちらも正しい方法だと言えるでしょう。これは意味のない議論であり、古くからある右脳と左脳の戦いです。本書を読むとわかるように、ビジュアルエフェクトは、技術的試みと芸術的試みを組み合わせたものです。ヴィクターの手を借りて、VFXの旅をより快適なものにしましょう。独自の創造性を大切にしながら、ソフトウェアに依存しないパイプラインを構築できます。

–ヒューゴ・グエッラ(Hugo Guerra)、**監督＆ VFXスーパーバイザー**

はじめに

カラーマネジメントは、画像のキャプチャ、処理、表現という経験的なシステムをベースとしています。これは、ビジュアルアートの基本の構成要素である色に対する、科学的なアプローチです。私たちアーティストは、「制約」が少ない、どちらかと言えば「感情的」な方法で色を扱うのに慣れていますが、このシステムは科学、それも数学という世界共通語を使用します……待って！　まだ本を閉じないでください！　「科学的なアプローチ」や「数学」という言葉を聞いて、興味をなくしたり圧倒されてしまう気持ちもわかりますが、少なくとも本書では心配いりません。読者がアーティストであることはよく理解していますし、そんな皆さんを念頭に置いて、一字一句執筆しました。

聞いてください。私は本書で、いくつかの偏見を取り除きたいと思っています。まず、科学は退屈ではありません。そして、カラーサイエンティストでなくても、カラーマネジメントを理解できます。クルマを運転するのに、自動車エンジニアである必要がないのと同じです。ただし運転するには、「クルマ」の仕組みを理解することも大切になってきます（給油時は適切なガソリンを選択する必要がありますよね）。私自身、カラーサイエンティストではありません。ビジュアルエフェクトアーティストであり、専門はアート創作です。皆さんにお伝える知識は、私が（それぞれの分野の大勢の専門家たちの協力を得て）実地経験から習得したものです。過去25年間、プロとして私自身（および他者）の課題を解決するために、自己研磨してきました（好奇心の最も健全な形ですね）。私の信条は、自分の仕事を理解し、ほかの人が私を助けてくれたように、自分が得た知識をまた別の人々に伝えることです（誤った情報を広げないように注意します。その報いはいつか自分に返ってきますから）。そのため、極めて厳格な姿勢で、**科学、技術、芸術**という3つの観点から仕事のすべての側面を正確に理解しなければなりません。これら3つの要素は、ビジュアルエフェクトという技術の中で互いに結び付いており、時としてその境界線はかなり曖昧です。そうしたグレーの領域こそが、私が最も興味を持っているものであり、本書を必要としている分野でもあります。カラーマネジメントは、それら3つの領域が交差する中心にあります。芸術的要素を無視して、科学的視点からのみアーティストに説明することはできませんし、技術が芸術の発展に影響していることも忘れてはいけません。そのため、本書は科学者ではなく、アーティスト向けに書かれたものではありますが、基本的な科学的根拠を示して、必要な要素を（しかも平易な言葉で）理解できるようにしています。重視しているのは、現場で応用できる実践的知識を提供することです。また、読者がスキルの幅を広げたり、デジタル画像スキルの基礎固めができるように、色彩全般についての基本も解説しています。自分の専門技術をしっかりと理解してください。本書の最後のページをめくるころには、カラーマネジメントというテーマが腑に落ちるものになっているでしょう。何が起こっているのか、鎖が断ち切れないようにするにはどうすべきかを理解しているはずです。「**鎖の強さは一番弱いところに左右される**」を忘れないでください。

駆け出しのころは、多くのアーティストと同様、いろいろな仕事をしなくてはなりませんでした。写真家、グラフィックデザイナー、カラリスト、映画制作者、コンポジター……。それすべてに共通することが1つありました。それは、「**世界のほかの人々が見ているものは、私が自分のモニターで見ているものと同じだろうか？**」という自分への実存的な問いです。これを自問したことがないなんて言わないでくださいね。さらに考え続けると、自分のモニターに映っているのは正しい色なのかどうかも疑わしくなってきて、恐怖さえ感じ

ます。疑いは、アーティストの敵であり、カラーマネジメントの敵でもあります。知識なしで取り組めば、疑念の渦に巻き込まれることになります。ですから、カラーマネジメントの哲学者になってはいけません。科学的手法を試みてください（その方がよっぽど簡単です）。底なし沼にようこそ。でも怖がることはありません。今度こそ、前述した数学的正確さを楽しめるでしょう。カラーマネジメント、つまりカラー値への実証的アプローチを活用すると、正しいか間違っているか（簡単ですね）の2つの方法しか取ることができないからです。2＋2＝4と同じくらい明快です。正解は4だけで、それ以外は明らかに不正解です。カラーマネジメントを理解すると、正しいことをやっているという安心感が得られ、間違っている場合には問題を指摘することができます。しかし最も重要なのは、「実存的」な問いに答えられることです。自分が見ているのは正しい色であり、世界中の人々もその色に極めて近い色をそれぞれのディスプレイで見ています[1]。カラーマネジメントは、業界の関係者全員がアクセスできるシステムで、多くの優秀なカラーサイエンティストが協力して、効率的なワークフローに必要なツールを提供しています。オープンソースのツールセットを提供するACESやOCIOといった団体は、色に関する信頼できる規格を設定しており、ソフトウェアやハードウェアはこれらの新しいワークフローを採用しています。つまり、結局のところ正しいボタンを押すかどうかはユーザー次第です。本書が重点を置いているのはボタンを押すことでも、特定のソフトウェアでの作業方法を説明することでもありません（ソフトウェアのドキュメントやマニュアルは既にお持ちでしょう）。本書の狙いは、カラーマネジメントの仕組みを理解するための知識を掘り下げ、皆さんに提供し、どのソフトウェアをカラーマネジメントに使用するかに関係なく、すぐにすべてのボタンの目的がわかるようにすることです。どのボタンを押すかは、何が必要かによって変わってきます。特定の決まったやり方があるわけではありません。どの章もソフトウェアに依存しないよう注意しましたが、要点を明快に示したいところでは、抽象的な図ではなく、業界標準の合成および画像処理ソフトウェアNukeを使用しました。明快さと実用性を優先した結果です。本書に付属するオンラインの追加マテリアルには、よく知られた各種ソフトウェアをACESカラーマネジメントパイプラインで設定するためのチュートリアルが含まれています。

正直に言うと、色彩を科学として扱うのは、私の手に負えません。非常に複雑で、精度を上げるには大量のデータが必要になりますが、まさにその精度を求めるのがカラーサイエンティストで、私は心から尊敬します。彼らはさらなる精度を追求し、変化を生じさせ、技術をさらに進歩させていきます。しかし、前述したように、本書は科学者ではなくアーティストを対象としています。正確さも大切ですが、私が言いたいことを理解したり、概念や知識をきちんと習得するには、あえて一部を省いたり簡略化した方がよいケースもあります。私たちアーティストと科学者では、要求も考え方も違いますから。私たちはキャリアをスタートしてすぐから、作業方法を規定するのは技術であり、リアリティを表現する方法を操るのは科学だと、無意識のうちに思い込んでしまっています。そして悲しいことに、専門的に芸術を学ぶときも、科学と技術の2つを重視するあまり、その2つの結果にあるのが芸術なんだと考えることさえあります。でも、私はそうは思いません。芸術とは、科学と技術を解釈し、適用するための手段です。ルールを理解すると、それをあえて破った方がよいタイミングというものが見えてきますが、本書ではそれを実践しました。経験上、いくつかの概念を大幅に簡略化した方が、全体像をとらえやすくなったり、アーティストにとって重要なことに集中できることがわかっています。ここで言う「簡略化」とは健全なもので、たとえば「地球は丸い」などです。厳密には北極と南極を通る直径は、赤道方向の直径よりも短いですが、「地球は丸い」と主張しても誰も傷つけることはありませんよね。また別のところでは、ある要素に言及するのみで議論へは発展させず、皆さんが好奇心から積極的にリサーチしたり、学習を継続できるようにしました。私の独断で、例をいたずらに複雑にするだけのデータを省略したところもありますし、結果や知識の質を犠牲にすることなく概念を理解しやすくするために、簡略化したデータを理論的に応用したところもあります。「地球は丸い」の例に戻りますが、北極や南極で体重を測るのと、赤道上で測るのでは、体重が変わることはご存知ですか？　重さの違いを

細かく計算しなくてはならない仕事でもない限り、これは面白ネタです。

実質的に、2.0＋2.0＝4.0と2＋2＝4は同じです。違うと主張する人もいるでしょうし、状況によってはそれも間違いではありません。しかし、本書の目的に照らすと、この2つは同じです。だから心配しないでください。私が本書でしたためたのは、アーティストとしての仕事に役立つ内容だけです（もしかしたら余計なことも少し書いたかもしれません。でもほんの少しですよ）。

本書が、皆さんの好奇心に火を付けることを願っています。この本にとどまらず、色彩科学の素晴らしい世界の探求をぜひ続けてください。本文では、カラーマネジメント、HDR、VFX向けのACESワークフローを理解し、取り組むために必要なことをすべて説明しています。あえて簡略化や省略した部分もありますが、カラーサイエンティストおよびその専門技術を軽視する意図は一切ありません。科学は、誰もがアクセスできるものであるべきです。私は、簡潔ながらも扱いやすく、消化しやすいよう、アーティストに馴染みのある言葉とスタイルで本書を執筆しました。現場でテストを重ね、長きにわたり役立てていただける内容となっています。皆さんが楽しく読みながら学んでくれることを、心より願っています。

–ヴィクター・ペレス

注釈

1   当然それぞれのディスプレイの品質によって異なりますが、自分の仕事をきちんとすれば、そこは心配しなくても大丈夫です。これについてはディスプレイに関するセクションで詳しく解説します。

謝辞

科学、技術、芸術からなるカラーマネジメントのような複雑なテーマについて、ビジュアルエフェクトアーティスト向けの包括的なハンドブックを書くという仕事は、なんとなく恐ろしいものです。基本とされる知識を皆さんにお伝えするために、私が拠り所としたのは、現場を通して得た個人的な知見です。さまざまな立場でビジュアルエフェクト制作に参加しますが、有難いことに、ともにプロジェクトに携わる仲間の経験や知識から多くを学び、絶え間なく変化する技術に適応することができています。執筆の糸口となったのは、カラーサイエンティスト、ソフトウェア開発者、アーティストの方々から伺ったお話です。（ビジュアルエフェクト業界のように）アーティストフレンドリーで、ソフトウェアに（ほぼ）依存せず、かつ技術志向のカラーマネジメントの基礎知識を固めるためには、読者の皆さんにどこまで理解してもらう必要があるかを見極めることができました。本書のために尽力してくださった皆さんに感謝を申し上げます。

まず、Foundry は私をいつも支えてくれる第二の家族です。特にジェニファー・ゴールドフィンチの粘り強いサポートと忍耐に感謝します。彼女がいなければ、この本は存在しなかったでしょう。執筆に集中させてくれ、**底なし沼**に落ちないよう気遣ってくれたフアン・サラザール。マーク・ティチェナー、ナイジェル・ハドリー、クリスティ・アンゼルモ、そして Nuke チームの皆さんの多大なご協力にも感謝します。

トーマス・マンセンカルのサポートのおかげで、科学的に正確な一冊に仕上げることができました。トーマスは相も変わらず、彼の膨大な知識を積極的にコミュニティと共有し、ビジュアルエフェクト業界を向上させようと働いてくれました。

本書の執筆を後押ししてくれた、Netflix のキャロル・ペインとバーヌ・スリカンスにも深く感謝します。彼らのおかげで、カラーマネジメントを学ぶビジュアルエフェクトアーティストやスタジオを支援するというアイデアを昇華させることができました。

本書をより良いものにするために、次の素敵な方たちにもご協力いただきました。ニック・ショウ、スティーヴ・ライト、ケヴィン・ショウ、マーク・ピニェイロ、イアン・フェイルズ、ウォルター・アリゲッティ、サイモン・ヤーン、スコット・ダイアー、ありがとうございます。

最後に、ビジュアルエフェクトの研究、学習、指導という壮大な仕事のロールモデルである、マイク・シーモア博士に感謝の意を表します。

Section I

光学と色の知覚

1

光学の要素

ビジュアルエフェクト（VFX）アーティストが現実を観察するとき、使うのは目だけではありません。何よりも重要な手段となるのは、カメラのレンズです。この事実によって、光が色として知覚されるまでの道のりをどう探るべきかが自ずと決まります。色を知覚するプロセスそのものを理解することは、私たちが色をとらえるために使用するシステムを理解するカギとなります。そこで私は、カラーマネジメントの旅を、**マネジメント**の部分から離れ、まずは色に近いところから始めることにしました。光、カメラ、フィルムの支持体、レンズ、そして最終的には人体の最も素晴らしい器官である目の特徴についても精通しなければなりません。色の記録と管理のプロセスを理解するためには、光と色、そしてそれがどのようにとらえられるかという物理学に関するごく基本的な概念を、文脈に当てはめて考えることが大切だと私は考えます。どんなものも歴史的文脈の中にあります。

この章では、色の知識を一から築いていけるように、それらの基礎を探求します。

■ 光

色にアプローチする際、物理学の観点から最初に頭に浮かぶのは、「**色とは何だろう？**」という実にシンプルな疑問です。しかし、色は本質的に光と関係しているので、その答えを解明しようとする前に、光の基本的な性質の1つである「**波長**」を理解する必要があるでしょう。

光のうち、私たちが観察できるのはごく一部です。光そのものは**電磁波**であり、**粒子**（エネルギーの「塊」：光子）としても、**波長**としても振る舞います。単一の光線の中に、非常に広い波長範囲があります。実際、人間が見ることのできる光よりも、見ることのできない光の方が多いのです。

波長とは、あらゆる種類の波が持つ特徴です。波の形状が繰り返される距離が波長であり、波上の特定の点と点を結んで測定します。

図1.1は、この概念を示したものです。これは**正弦波**[1]ですが、ここではその距離や値を気にする必要はなく、波長の概念を理解できれば十分です。波の中のある点、たとえば y が最大値に達する点を選び、この点をAとします。続けて、y が次に点Aと同じ値に達するまで x 軸上を進むとした場合、この次の点をBとします。このAとBの間の距離が、この波の波長になります。そしてこれが、後述するように色を作るのです。

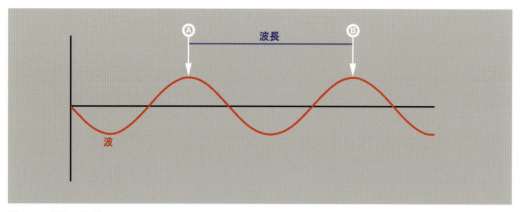

図1.1 正弦波の波長

光には、その波長によって、**ガンマ線**、**X線**、**赤外線**、**紫外線**、**マイクロ波**、**電波**、そしてもちろん人間の目で見える**可視光線**と、さまざまな種類があります。可視光線の波長範囲はおよそ300〜700nmです。ナノメートルは国際単位系（SI）の1つで、その標準記号は**nm**ですが（これで可視光線スペクトルの測定値が読めるようになりましたね！）、1ナノメートルはメートルの10億分の1という小ささであることを忘れないでください。イメージしやすいよう数字で表すと、0.000000001メートルとなります。さらに具体的に、人間の髪の毛の太さは約90,000nmであることを踏まえると、いかにナノメートルが小さいかがイメージできるでしょう。ただし、すべての光の波長がそれほど短いわけではありません。たとえば、電波の波長は30cmから数千mに及びます。もちろん、ここで焦点を当てるのは、人間が目にすることのできる光、つまり可視光線です。その範囲を越えると人間の目では何も見えません。赤外線（750nmより長い波長）を見ることができるトコジラミや蚊などの吸血昆虫（および一部の特殊カメラ）や、紫外線（390nmより短い波長）を見ることができるミツバチなど、この世に存在するモデルは私たちだけではありませんが、ミツバチや蚊が楽しめるような映画やテレビ番組の制作が始まるまでは、人間の目で見ることができる**可視光線**に注目したいと思います。

図1.2は、可視光線を表したものです。最も波長の長い赤から最も波長の短い紫までの間に、あらゆる色があります。赤の境界を超えると赤外線やマイクロ波などがあり、紫を超えると、ご想像の通り、紫外線やX線などがあります。では、可視光線内の色は何によって定義されるのでしょうか？

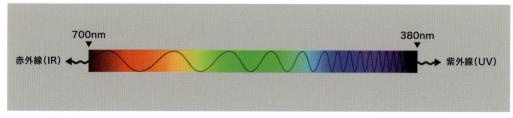

図1.2 可視光線

そろそろ真実を明らかにすべき頃かもしれません。次のなぞなぞをご存知でしょうか。「森の中で木が倒れ、それを聞く人が誰もいなかったら、その木は**音を立てるだろうか？**」これには明確な答えはないとされています。つまり、「音」が何を意味するかによって、答えが変わってくるということです。音とは空気（あるいは

他の媒体）の振動であると考えるならば、答えは **Yes** です。しかし、私はどちらかというと、音とは、私たちの耳がその振動を感知し、その振動に関する情報を脳に送るときに経験する感覚のことだと考えています。この場合の答えは逆で、**No** になります。私にとって、誰もそれを聞いていないのであれば、音ではなく、さまざまな媒体での振動のプロセスにすぎません。私が「真実」と言った意味について、すでにおわかりいただけたと思うので、先ほどのなぞなぞと同じスタイルで大胆な発言をしてみましょう。「**色は、それを見る人間の目がなければ存在しません**」。私は、人間が可視光線の波長をどのように知覚するかを抜きにして、可視光線の電磁波を研究することに興味はありません。そこで次は、色の知覚について説明したいと思います。

◼️ 色の知覚

人間が見える「カラーパレット」がわかったら、「色とは何だろう?」という元の質問にも答えられます。とりあえず、色とは、可視光線として知られている範囲にある、特定の波長の放射光の**知覚**であると言うことができます。そして次に考える必要があるのは、色の知覚プロセスにおける3つの要素です。その要素とは、**光、観察対象、光を受容する視細胞**です。

光線は、光源から直接目に届くこともあれば、物体から反射して、**反射光**として届くこともあります。つまり、光線は表面で反射され、私たちの目（光を捕捉する光学デバイスも含まれますが、ここではわかりやすく単に「目」とします）に入ってくるまで見えません。目に入ってきた光線だけが**見える**のであって、それ以外の四方八方に広がる光線は見えないということになります。たとえば、あなたの目の前を横一列に通過する光線は見えません。ただし、空気中の埃や粒子に反射した光は見えます。光そのものは、宇宙空間のような真空空間を進むことができ、表面に当たって私たちの目に跳ね返った場合に限り、見えるのです。

色の知覚には、さまざまな要素が関わってきます。たとえば、光の色、つまり光源から放射される波長の範囲と、観察対象の表面の色との関係にもよります。しかし、これまで何度も人間の目に言及してきたことを踏まえると、次は「**人間の目は、この可視光線の刺激をどのように受け取り、知覚しているのだろうか?**」を考えるのが自然の流れと言えるでしょう。

まず、前述のように可視光線の波長は390〜750nmで、人間の目は可視光線の範囲から約1000万色を識別できます。

どのように識別するのでしょうか？　人間の目には、**錐体細胞**と**桿体細胞**という2種類の光感受性細胞があります。**錐体細胞**は色に刺激される一方、**桿体細胞**は重要な明暗の変化に反応し、色の区別はできません（モノクロ）。簡単に言うと、錐体細胞は色を認識し、桿体細胞は明るさを認識します。どちらの細胞も数百万個あり、すべて網膜上にあります。網膜は眼球（目）の内側にある後方の壁で、瞳孔を通って目に入る光を受け取ります。つまり、人間の目をデジタルカメラに例えるなら、網膜は人間の目の「センサー」です。

人間は**3色型**[2]であり、私たちの脳は、目に見えるすべての色の変化を、3つの単色のスペクトル刺激を混合した結果として再現します。言い換えれば、私たちが見ることのできるすべての色は、3原色を混ぜることによって再構成されており、各原色の強度によってできる色は変わってきます。お馴染みのRGBスライダーも、3原色システムです。

この種の視細胞では3種類の反応が見られますが、それぞれ異なる種類の錐体細胞によって生成されます。

- **S錐体**：420nm付近の波長に反応し、青の成分として定義されるものを認識します。
- **M錐体**：534nm付近の波長に刺激され、緑の成分を認識します。
- **L錐体**：564nm付近の波長に感度を持ち、赤の成分を認識します。

混乱を避けるためにはっきりさせておくと、それらの視細胞への刺激は「色」によってなされるのではありません。それぞれの種類の細胞が、特定の波長によって刺激され、その特定の強度の組み合わせが脳によって「解読」され、色が視覚化されるのです。つまり、「色」そのものは目に入る光に属していません。知覚される波長は無彩色にすぎず、色は光の一部（可視光線に含まれる波長）に対する感覚反応として起こります。デジタル画像を例に考えると簡単です。たとえば100、0、そして0をもう1つなど、3つの数字をあるとします。それらは単なる数字であり、数字には色はありません。しかし、これら3つの数字をRGBのパーセント値として解釈するとした場合、R＝100％、G＝0％、B＝0％（1.0 0.0 0.0）となり、頭の中には赤い色が浮かびます（図1.3）。

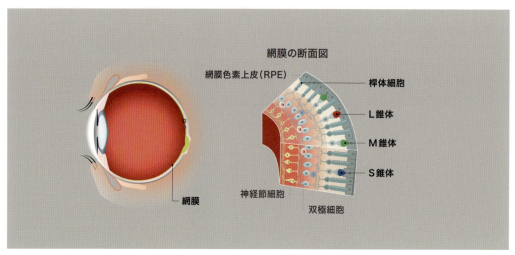

図1.3 眼球の構造 – 網膜の断面図

そうです。私たちは、S、M、L錐体に由来するアナログシステムとともに、RGBシステムを使用して、モニターおよびデジタルで色を扱うのと同じように、脳の中で色を再現しています。デジタル画像では、各ピクセルは赤、緑、青の3つの色値を持ちます。考えてみると、それらは単なる3つの値です。最終的にディスプレイによって処理され、結果として単一色を表す、3つの数値の配列です。このテーマについては、次の章で詳しく説明しますが、私たちのモニターの表示システムと人間の目はかなり一致しているという視点を持っていてください。

しかし、私たちの目に戻ると、3種類の錐体細胞がすべて同じ量の反応を示すわけではありません。

図1.4は、人間の錐体細胞の反応を正規化したものです。S錐体（青色）の反応曲線はほかの2つよりも狭く、ご覧のように、S錐体とM錐体の間には、およそ475nm付近（青ゾーン）に反応のギャップがあります。一方、L錐体とM錐体は555nm付近でかなり広範に重なり合っています。これは、L錐体とM錐体が共通

して特定の緑の波長に感度が高いことを意味します。大切なのは、明るさ[3]（知覚される光の量）との関係で、3つの刺激がすべて同じ反応をするわけではなく、成分によっては高い明るさで強く反応するものがあるということです。

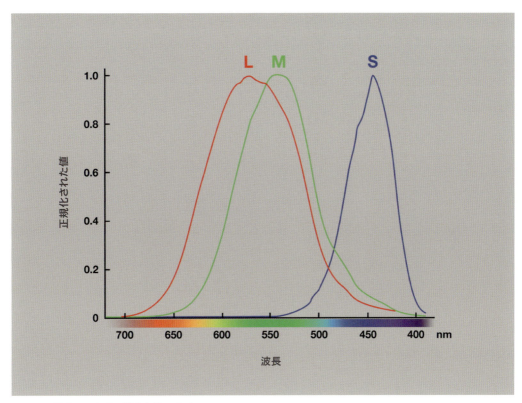

図1.4 正規化した人間の錐体細胞の反応

明るさの知覚を測定するような一見些細なことでも、「光源の明るさ」をどのように定義するかによっては、あっという間に底なし沼にはまってしまうかもしれません（このページの注釈の多さからすでにお気づきでしょう！）。たとえば、**ワット**に基づいて定義される、**人間の視覚系**に中立的な「物理的」単位である放射測定[4]の単位が必要なこともありますが、測光[5]の単位は、**ルーメン**に基づいて定義される、**人間の視覚系を重み付けた単位**です。そこで、もう一度単純化してみましょう。あまり掘り下げなくてもコンセプトが明確になるように、ディスプレイの例を使います。各色の成分について、輝度[6]の知覚の不均衡を理解するために、RGBからルーマ（輝度）[7]への変換の例を見てみましょう。輝度（Y）の測光/デジタル（Y）計算の規格である**ITU BT.709**は、Y = 0.2126 R + 0.7152 G + 0.0722 Bと定めています。簡単に言えば、緑の成分は輝度のほぼ4分の3を占め、赤は4分の1以下、青は10分の1にも達しないということです。

ご存知かもしれませんが、白色光には可視光線全体が含まれており、先に述べたように、人間の色の知覚は、光と観察対象の表面との関係によって決まります。では、人間の目がどのようにカラー情報を取り込んでいるのかを理解したところで、色の知覚を左右するもう一つの側面、つまり、物体の表面と、それに反射して目に届く光との関係を見てみましょう。

私たちが物体を特定の色で感じるのは、その表面の質感などの性質が、放射エネルギーの一部の波長を吸収し、ほかの波長を拒絶しているからです。つまり、私たちは物体の表面に拒絶された波長を観察しているのです。では、吸収された波長はどうなるのでしょうか？ エネルギーは作成も破壊もされず、あるエネルギー形態から別のエネルギー形態へと変換されるだけであるという**エネルギー保存の法則**を適用すると、これらの波長は熱などの別のエネルギー形態に変換されたと考えられます。夏の強い日差しの下で、黒いTシャツの方が白いTシャツよりも暖かく感じるのはそのためです。黒は可視光線全体を吸収するのに対し、白はすべての波長を反射します（図1.5）。

図1.5 反射光と波長の吸収 – 立方体が青として知覚される

反射光の概念を理解するために、理論的な例を挙げてみましょう。この図では、白色光に照らされた青の立方体は、青色として知覚されます。なぜなら、この立方体は、人間の「赤」と「緑」の視細胞を刺激できるすべての波長を吸収するからです。青の視細胞だけが、白色光とともに移動し、立方体の表面で跳ね返された可視光線の青の部分を受け取って、この立方体のその色を**見る**よう刺激されます（図1.6）。

図1.6 反射光と波長の吸収 – 立方体が黒として知覚される

しかし、その光が先ほどのように白色ではなく、純粋な赤だったらどうなるでしょうか。この場合、「青の波長」だけを拒絶する青の立方体は、純粋な赤の光によって放出される放射エネルギーをすべて吸収し、拒絶される放射エネルギーはありません。そのため、立方体から反射して目に届く可視光線はないことになり、結果として視細胞への刺激もありません。つまり、私たちは立方体を黒、つまり色がないと認識することになります。

どんなに複雑な色であっても、人間の目は、3つの独立した成分を脳で組み合わせて処理することで、色を精巧に作り出します。簡単に言えば、3種類の**視細胞**（錐体細胞）は、赤、緑、青のRGBカラーモデルに合致しているということです。これは偶然ではありません。RGBカラーモデルは実際、人間の色知覚に基づいて、電子システムで画像の感知、表現、表示することを目的に構築されました。今後このモデルを多用することになるので、皆さんにも精通していてほしいですが、心配はいりません。ビジュアルエフェクトアーティストである皆さんは、すでに毎日、さまざまなソフトウェア、モニターで、このモデルを使用しています。この機会にRGB値を理解し、どのように機能するのかを学べばよいのです（これからの生活がずっと楽になるはずです）。RGBカラーモデルについて話しているので、次は**色の混色**について説明します（図1.7）。

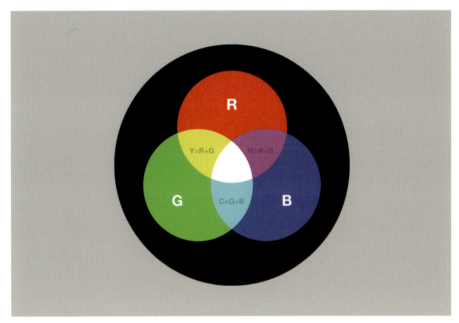

図1.7 光の加法混色

光を分離する人間の目と同じパラメーターに従うと、赤、緑、青の3つの値の加算をベースとしたカラーモデルを定義できます。この3つの光の成分を加算すると、再び白色光が得られます。3原色を加算して白を得るこのプロセスは、**加法混色**と呼ばれます。ほかにも用途に応じてさまざまなカラーモデルを使用できます。たとえば加法混色の「逆」である**減法混色**では、色がない場合は白に到達します。これは光の逆であり、ネガフィルム現像処理の原理であり、またプリンターで使用される顔料のシアン、マゼンタ、イエロー（CMY）もこの方法を使用します。ただし、私たちVFXアーティストにとって重要なのは、あらゆる画像操作のベースとなる加法混色の基本を理解することです（図1.8）。

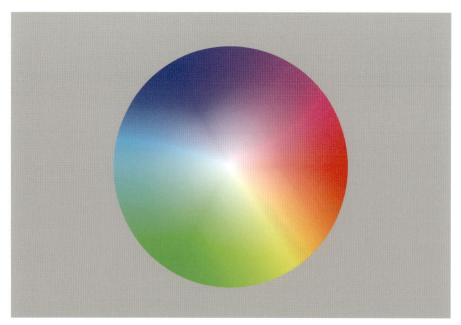

図1.8 カラーホイール（RGB混色）

RGBとして知られる加法混色モデルを使用すると、すべての成分を一定量加えることで、ほぼどんな色でも表現できます。

ちょっと待ってください！　3色の視細胞である**錐体細胞**についてはたくさん論じてきましたが、**桿体細胞**についてはどうでしょうか？　なぜ桿体細胞が必要なのでしょうか？　私が思うに、光の知覚のほかの側面を理解することは、アーティストの皆さんに光を与えることにつながります（あえてダジャレを言ってみました）。

昼光など、通常の良好なライティング条件下では、**錐体細胞**を正常に機能させるのに十分な光の量が目に届くため、色の知覚が通常通り機能します。明るい条件下でのこのような目の視覚は、**明所視**と呼ばれます。しかし、光量が少ない条件下では、**錐体細胞**は波長を知覚できる十分な強さの刺激を受けないため、**桿体細胞**の力を借りることになります。これは**暗所視**と呼ばれます。**桿体細胞**の感度が最高なのは500nm付近（私たちが**錐体細胞**で可視光線の緑-青側と認識するあたり）ですが、640nmを越える波長にはかなり感度が低くなります（つまり、**桿体細胞**は可視光線の赤の部分を知覚できないということです）。3種類の視細胞が三刺激を合わせて色を認識する、3色機能の**錐体細胞**とは異なり、**桿体細胞**は1種類しかないため、光をモノクロで知覚します（カラー情報なし）。低照度下での光の強度の変化を正確にとらえ、形を識別することはできますが、色を認識することはできません。映画館に遅れて到着したときのことを思い出してください。映画は始まっています。そのようなときには、座席と座席に書かれた数字は見えても、座席や部屋の壁の色はおそらく見えないでしょう。理由はもうおわかりですね。色をしっかり認識するには、**明所視**を可能にする良好なライティング条件が必要だからです。

任意のライティング条件下での色の変化を芸術的に再現するには、**明所視**と**暗所視**が、どのような仕組みで働くかを理解することが大切です。たとえば、昼光の画像を夜に変える処理で重要なのは、コントラストと彩度（特に前の赤のトーンの輝度）を組み合わせる、魔法のさじ加減です。錐体細胞と桿体細胞の反応に

合わせなくてはなりません。もし、色を飽和させるだけの光がない状況では、「低照度は、低強度と低コントラスト、つまり低彩度を意味する」を忘れてはいけません。

人間の目の特徴の多くは、光をとらえるカメラのメカニズムに現れています。この章の次のパートでは、光と色の観点からカメラがどのように機能するかを探ります。

光をとらえる

カメラは、人間の目によく似た方法で光をとらえるデバイスです。しかし、色という点では、**物理的な支持体上でどのように光をとらえるのでしょうか？**

自然哲学者の**ヴィルヘルム・ホムベルク**が、光が一部の化学物質を暗くする（今日では**光化学効果**として知られています）ことに気づいた1694年まで、時計の針を戻してみましょう。**ピンホールカメラ**（1つの面に小さい穴が開いていて、その中にある像を穴の前の反対側の面に投影する箱）の発明とともに、**光化学効果**の発見は、写真の原理を決定づけました（図1.9）。

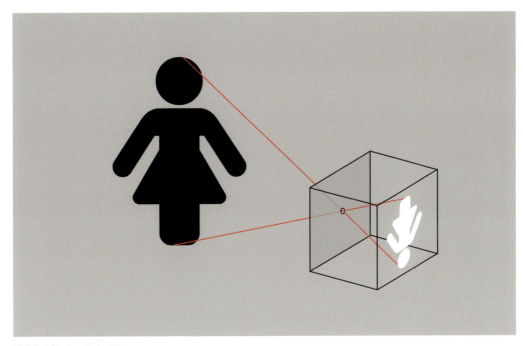

図1.9 ピンホールカメラ

色に関するホムバーグの発見の重要性は、写真フィルムに使用される感光性化学物質である**ハロゲン化銀塩**の組成を、光がどのように変化させるかにあります。ここで注目するのは、**露光**です。

カメラの観点から見て、静止画と動画の主な違いは、1秒当たりに露光する必要があるフレーム数の違いゆえに、露光時間が制限されることです。静止画では、露光時間（シャッターが開いて、光がフィルムネガやデジタルカメラに入射する時間）に制限はありません。写真家の希望に応じて、ほんの一瞬から数分まで自由に設定できます。これに対し、**動画**では制限があります。シャッターを少なくとも毎秒24回開閉しないと、映画の標準規格である毎秒24フレームを生成することはできないからです（図1.10）。

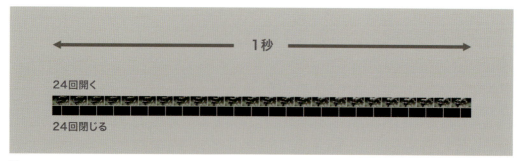

図1.10 フィルムシャッターの1秒当たりの開閉サイクル（24fpsの場合）

したがって、約48分の1秒で正しく露光できるほど「感度の高い」フィルムが必要となります。ネガフィルムカメラでは、ネガが次に露光するフィルム部分まで移動する間、機械式シャッターは閉じられています。1秒間に24回シャッターが開き（24フレームを露光）、露光するネガの部分を変更するために24回シャッターが閉じられるということですから、1秒間のうち、通常はその半分の時間シャッターはネガの移動用に閉じられるため、通常の露光時間は1/48秒になります。

■ センシトメトリー

ハロゲン化銀塩の魔法、各感色層（色原体とも呼ばれます）の粒子の割合、組成、分布、サイズによって、色の再現方法が決まります。これらの結晶の1つの粒子が光線と接触して、どのように反応するかを見てみましょう。次の理論的な例で特性を理解します（図1.11）。

図1.11 走査型電子顕微鏡でとらえたコダック白黒フィルムのT-Grainハロゲン化銀結晶（スケールは5μm）

これまで光が当たったことのないハロゲン化銀塩の粒子を想像してください。突然光が到達し……徐々にその組成が変化し始めます。見かけ上は変わりませんが、露光にともない、化学的かつ潜在的に、化学反応が停止するまで、どんどん変化していきます。この化学組成の変化速度と濃度（光を吸収して暗くなる量）の関係を研究することを、**センシトメトリー**と呼びます。ところで、一定の光量で結晶がその組成を変化させる速度は一定ではありません。このことが、写真の見た目を大きく左右する要因となります。

この結晶を露光する時間があまりに短い場合、反応し始めるのに時間が必要なため、まったく反応しない結果になることがあります。逆に長く露光しすぎると、しばらくして最大値に達し、変化が停止します。この露光のモデルはS字曲線として知られ、濃度に対する露光の特徴的なグラフを示します。

この興味深い図を見てみましょう。濃度（縦軸）と光の露光時間（露光時間）の関係を表したものです（図1.12）。

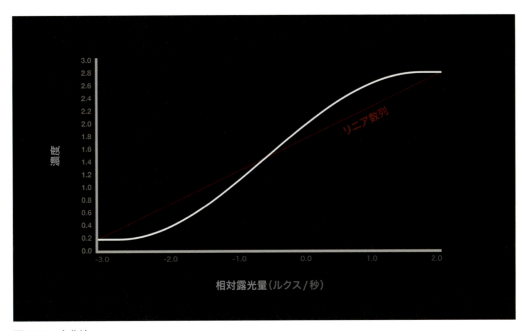

図1.12 S字曲線

先ほど述べたように、「S」字曲線になっています。すぐにわかることは、反応は直線的な進行ではないということです。

直線的な進行とは、x軸およびy軸の算術的比率が一定であることを意味し、グラフでは直線を返します。同じセグメントの長さについて、曲線のどの点においても、増分が等しいことを意味します。

一方、**センシトメトリー曲線**は、明らかに直線ではありません。これは、コンピュータ生成画像（ご存知のようにCGとも呼ばれます）の基本の1つを理解するうえで重要なことです。ネガフィルムのようなアナログ世界では、さらには私たちの目の中でさえも、濃度と露光の比率は決して直線的ではありません（図1.13）。

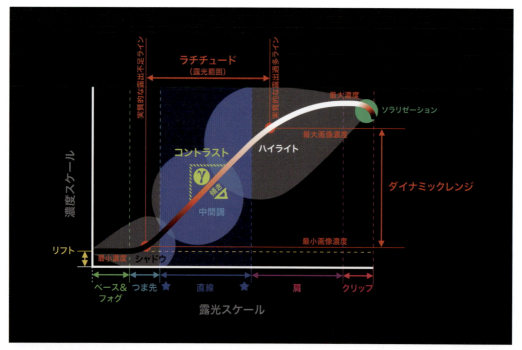

図1.13 特性曲線の分解

曲線のさまざまな部分を理解できるよう、誇張した表現をしてみます。光をとらえるには、最小で露光[8]が必要です。これはS字曲線の開始部、**つま先（toe）**と呼ばれる部分です。次に、曲線の中央付近のやや真っすぐな**直線部分**に続き、徐々に曲がって水平になっていきます。この曲線上部の曲がるところを「**肩（shoulder）**」と呼びます。ここで注意してほしいのは、はじまりがゼロではないことです。ゼロよりも少し上に最初の点があり、この点を**リフト（lift）**と呼びます。続く水平部分は**ベース＆フォグ**で、**つま先（toe）**に続きます。ベースが高いほど、黒レベルはより「ミルキー」になりますが（撮影監督の観点では、通常は良いことではありません）、後で説明するように、ルックアップテーブル（LUT）[9]などのカラーマニピュレーターを使用してこの問題に対処できます。

曲線のもう1つの重要な特徴は、**直線部分**の傾きです。これは、黒レベルと白レベルの間の非線形の比率であり、中間調を分布する、ガンマを決定します。この直線が平坦であるほど、グレーの色合いが多くなり（コントラストが低い）、傾きが大きいほど、黒から白に急激に遷移します（コントラストが高い）。この曲線で水平に分布する露光の増分の範囲は、**ラチチュード**として知られています。垂直方向と水平方向の直線部分の範囲の関係によって、ダイナミックレンジとコントラスト比が決まります。

露光に関しては、**つま先**の始まりの真上にある点を基準の**最小画像濃度**として定義します。そのため、この点より下にあるものはすべて、ディテールのない単なる黒として扱われます。同様に、肩の端の真下にある基準点を**最大画像濃度**として定義し、それより上の値は真っ白として扱われます。これにより、白と黒の見栄えが良くなりますが、それらの点を超える情報もまだ残っているので、カラー操作を行うときに非常に役立ちます。

最小画像濃度から最大画像濃度までは、**ダイナミックレンジ**を定義されています。これは、フィルムの支持体がとらえられる濃度範囲、言い換えれば、最も明るい白から最も暗い黒までのディテールを効果的にとらえるために利用可能なステップ数です。

簡単な実験でダイナミックレンジを理解してみましょう。特別な装置は何も必要ありません。明るい太陽の下でマッチを点火してみてください。かろうじて炎が見えるかもしれません。しかし、真夜中の暗い部屋でマッチを点火すると、そのわずかな光だけで部屋全体が照らされているのがわかるはずです。これは、私たちの目は素晴らしいハイダイナミックレンジ（HRD）を備え、さまざまな範囲の光に適応する能力があることを意味します。最初のケースでは、日光の下で、私たちが見ている曲線の部分は曲線の高い領域に寄っていましたが、次の暗い部屋のケースでは、曲線下部の暗い領域でした。レンズの**絞り**を開いたり閉じたりすることで、通過する光の量を増減し、露光時に被写体に使用するセンシトメトリー曲線の「部分」を決定することができます。絞りを閉じると、曲線の部分を低く設定し（光が少なくなります）、絞りを開くと逆になります（光が多くなります）。光学では、これを**絞り**と呼び、**F値**で測定します。

F値は**口径比**とも呼ばれ、光がレンズを通過するときの直径を表します。レンズの焦点距離と**有効口径**に関係しています（図1.14）。

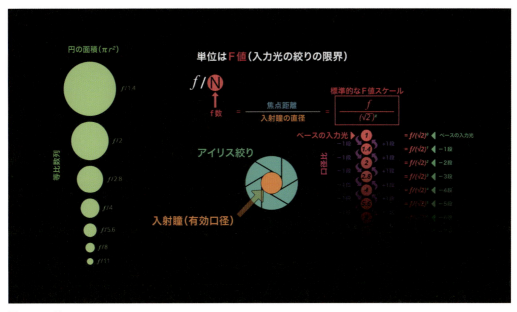

図1.14 F値

これは、F値を1段刻みで表したものです。F値は、**入射瞳の直径**に対する**焦点距離**の比率を示します。円の面積を計算し、面積は半径の二乗のπ倍（$A = \pi r^2$）であるため、これらの数値は指数関数的に大きくなることに注意してください。

$f/1.4$と$f/2$の間には1段の差があり、これは集光面積が半分になることを意味します。$f/2$と$f/2.8$の間の関係も同様です（比率を表すため、f以下の数字が大きくなるほど得られる光は少なくなります）。つまり、**1段上げる**、**1段下げる**と言うときは、実際には、レンズを通して取り込みたい光の量を、現在の露出に対してどれくらい増分するかで話していることになります。したがって、1段上げるとき、現在の絞りに対して光の量は正確に2倍になり、1段下げるときは半分の光の量になります。

その一方で、F値の話を始める前は、光がハロゲン化物塩でどう振る舞うかを理解するためにセンシトメトリー曲線を分析していましたが、モノトーンの1つの曲線しか使用していませんでした。カラーフィルムでは、ネガには3種類のハロゲン化物塩があり、特定の波長に対して異なる反応を示します。原理はまったく同じですが、どの層も、赤、緑、青という原色の1つにそれぞれ感度を持ちます。つまり、この3つの組み合わせ

によって、カラー画像が生成されます。これは**発色現像**として知られています。これは、それぞれの色について1つずつ、合計3つのＳ字曲線が得られ、それらが合わさって各露光レベルにおける色の忠実度を定義することを意味します。

■ 色をとらえる

カラーフィルムの歴史を少し見てみましょう。色をとらえるプロセスをよりよく理解するのに役立つと思います。

▶ Technicolorトライパック

商業用カラーフィルムの黎明期には、さまざまな選択肢がありましたが、最も人気があったのは**テクニカラーのトライパック**[10]です。プリズムが光を3つの単色のフィルムストリップに分解および分配し、各ストリップが3つの原色にそれぞれ感光します。文字通り、3本のフィルムストリップが非常に大きくて重い1台のカメラの中を移動します。その後、それぞれ3つの原色のフィルムストリップの乳剤を、現代の**オフセット**プリンターと同じようなプロセスで、最終的なマスターフィルムストリップ上にプリントします。この方法を採用した最も有名な映画の1つが、1939年の**「オズの魔法使」**（原題：The Wizard of Oz）です（図1.15）。

図1.15 テクニカラーのトライパック（再現）

しかし、このシステムには多くの問題がありました。3本のフィルムを同時に巻き取るための巨大なカメラ、3本のフィルムを巻き取って後で現像するためのコスト、発生するノイズなどは考慮するまでもありません。最大の問題は、光が3本に分割され、さらにプリズム自体が光を吸収することから、適切に露光するために多くの光量が必要となることでした（図1.16）。

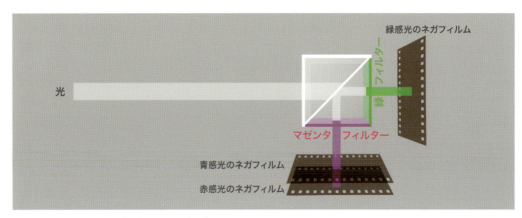

図1.16 テクニカラーのダイクロイックプリズム

▶ Kodak コダクローム

想像してみてください。スタジオや企業が、デジタルカメラの時代を生きる私たちと同じように、色をとらえる新システム研究開発を続け、画像の美しさを追求していた時代がありました。そんな時代を経たある日、イーストマン・コダック社が、経済的なシングルストリップの35mmネガ記録式**モノパック**[11]である**コダクローム**を発表し、すべてを変えたのです。それは1950年のことで、それ以来、フィルムのネガ技術は進化と発展を続け、粒子はより細かくなり、感度も高くなりましたが、システム自体と規格は現代のフィルムとほとんど変わりません（図1.17）。

図1.17 シャフツベリー・アベニュー – ロンドンのピカデリーサーカス（1947年、チャルマーズ・バターフィールドがコダクロームにて撮影）

モノパックのネガフィルムは、次のような層で構成されています。

- 透明な保護層
- 中間層
- 青感光層
- イエローフィルター（青色光がこの層を越えないようにする）
- 緑感光層
- 中間層
- 赤感光層
- 透明なトリアセテートベース
- ハレーション防止層

カラー画像を撮影するのに必要なのは、10分の1ミリよりわずかに厚い、単一のフィルムストリップだけになりました。私は個人的に、これは非常に素晴らしいことだと思っています（図1.18）。

図1.18 モノパックネガフィルムの層（断面図）

色温度

まだ見落としている要素が1つだけあります。それは色と色のバランス、正確には**ホワイトバランス**です。なぜでしょうか？　撮影するとき、たとえば屋内（スタジオ）で撮影する場合と、屋外（太陽光の下）で撮影する場合では、光の性質が根本的に異なっているからです。では**色温度**を見ていきましょう。

人間である私たちの脳は、世界を理解できるように、目で知覚した刺激を適応させるのに使われています。色の知覚は、明るさの知覚と同じように環境に対して相対的であり、文化的背景の影響を受けることさえあるため、私たちの脳は憶測を立てて色を解釈します。色温度について言えば、白の見た目を揃えることで、光の色が何色であるかを推測します。これは無意識のうちに起こっていることで、自分ではコントロールできません。たとえば、曇り空の日には、光の色に青の成分（人が「冷たい」と認識するもの）が多く含まれていますが、街を歩いていてもそのことをあまり気にしないかもしれません。その自然光の条件下で観察しているすべての物体は、当然青っぽく見えるわけですが、それでも環境によるライティング条件を理解している脳は、その物体が青色であると考えるのではなく、その物体を通常の色として解釈します。最も興味深いのは、照明のついた建物に入った場合です。典型的な、オレンジがかった色調のタングステンライト[12]を想像してみましょう。脳は、新たなライティング条件を理解しようと、白に対する知覚を適応させます。そのため、同じ物体をもう一度見た場合、曇り空の光の下で見る物体と、人工的なタングステンライトの下で見た物体との間に、絶対的な測定可能な違いがあったとしても、同じ色に見えるのです。私たちの脳は、このホワイトバランスを無意識のうちに、絶えずうまく行っているため、観察される物体は一貫して同じ色として知覚されます。

つまり、脳は私たちを「だまし」、特定の方法で物事を見るよう「仕向けて」いるのですから、この側面を解釈するための測定可能なシステムが必要になってきます。ホワイトバランスを理解して活用するために、より科学的なアプローチを検討していきましょう。これは、私たちが色を管理する限りついて回ります。白（ひいてはすべての色との関係）の解釈を全員で揃える必要があります。

色温度は**可視光**の特性です。物理学では、いわゆる**黒体**[13]（理論的には入射光をすべて吸収するもの）は加熱されると光を放射し、発光します。この光のスペクトル、つまり色は、黒体の温度によって変わります。たとえば、こんな実験が可能です（気をつけてくださいね！）。針をライターで熱すると、最初のうちは暗い赤色に光り（赤熱）、さらに熱を加え続けると、やがて黄色（電球のフィラメントのような色だが、明らかに強度は低い）に変わり、最終的に青みがかった白色になります（そろそろ熱するのをやめないと火傷しそうですし、もう私の言いたいことはおわかりですよね！）（図1.19）。

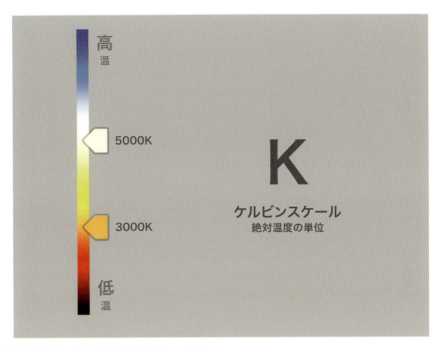

図1.19 ケルビンスケールと温度勾配シミュレーション

色温度は通常、絶対温度の単位であるケルビン[14]で表されます。この用語には注意が必要です。ケルビンスケールでは、温度が高くなるほど、色が「暖かい」（赤っぽい）から「冷たい」（青っぽい）に変化するため、芸術で言う寒色や暖色とは逆になるからです。ちなみに、この温度スケールは度では測定されず（したがって°記号はありません）、ケルビンだけです。赤みがかった白は約3000Kで、青みがかった白は5000K以上の色温度となります。

一般的な色温度の例をいくつか挙げてみましょう。

- ろうそく：1800K
- 電球：3000K
- スタジオ照明：3200K
- 月光：4100K
- 日光：5500K
- 曇りの日：6500K

ネガフィルムの色の感光層の感度のバランスを変えることで、フィルムのホワイトポイントを屋内用に設定することができます。一般的なタングステンフィラメントの電球は、3200Kに相当します。一方、屋外用にはホワイトポイントを「より冷たい」、5600Kに設定します（日光の下では青空の光がシーンの色温度を上げるからです）。ホワイトポイントを使い分けることで、撮影監督は白を無彩色として忠実に表現できます。たとえば、白い紙を撮影したら、暖色系や寒色系に寄った白ではなく、無彩色の白に見えるようになります。色温度をさらに調整するには、レンズの前にフィルターを取り付けます。これが、無彩色による魔法、つまりホワイトバランスの効果です（図1.20）。

図1.20 同じ構図で3種類のホワイトバランスでの撮影

■ 粒子サイズとフィルム感度

このホワイトポイントの感度は、ISO感度[15]（規格化されたフィルム感度またはフィルムの光に対する感度）とは関係ありません。フィルム感度は通常、粒子サイズに比例します。粒子が大きいほど、感度は高くなります。なぜでしょうか？　粒子が大きいと、より多くの光線にさらされるため、潜像反応がより速く変化するからです。しかし、粒子が大きいと、細かいディテールの鮮明さは失われます（ピクセル解像度の概念とほぼ同じで、ピクセルが多いほど、つまりピクセルが小さいほど、より多くのディテールをとらえられます）。もう1つの分かりやすい特徴が、青感光層に最もノイズが乗ることです。これは前に述べた人間の目と同様、青感光層を適切に露光させるにはより多くの光を必要とするためです。通常は青チャンネルが最もノイズが多くなります（図1.21）。

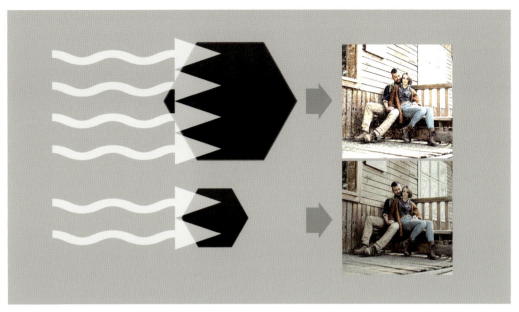

図1.21 粒子サイズ – 大きい粒子ほど多くの光をとらえる

■ フィルム vs デジタルシネマ

このテーマに入る前に、長きにわたり議論されてきた質問をさせてください。「**フィルムはデジタルシネマより優れているのだろうか？**」これに対する答えは、あなたが何を「より良い」と考えるかによって異なります。両者はそれぞれ異なる特徴を持ち、長所もあれば短所もあるからです。つまり、どちらが一方が他方より優れているのではなく、2つの異なる記録媒体である、というのが私の考えです。たとえば、「**水彩と色鉛筆のどちらが優れているか？**」という質問には、意味を成しませんね。名だたるアーティストの中には、特定の顔料を好んで使うことで知られる人もいますが、間違いなく、アーティストを作るのは絵筆ではありません。VFXアーティストである皆さんに求められるのは、フィルムカメラまたはデジタルカメラで撮影したかのようなエフェクトを作成できるように、その両方を理解していることです。

さて、ネガフィルムはひとまずわきに置いておき、デジタル処理について話しましょう。デジタルカメラは、アナログのフィルムネガを現像するよりもはるかに安価で高速であるため、動画によるビジュアルストーリーテリングの民主化に貢献したことは誰もが認めるところでしょう。これはエンターテインメント業界におけるキーポイントであり、たとえ私がアナログ処理から生まれる作品を心から愛していたとしても、そこは変わりません。いずれにしても、私たちが両方を理解し、その違いを理解することが重要です。

デジタルカメラの内部では、フィルムストリップは電子センサーに置き換えられており、光のインパルスをデジタルデータとして記録される計数値に変換します。**電子映画撮影術**という概念をつくり出したのは80年代後半のソニーですが、主流のハリウッド映画にデジタルカメラが普及したのは2000年代に入ってからです。革命はメインストリームとなり、**RED**、**Silicon Imaging**、または **Arri** や **Panavision** のような歴史あるフィルムカメラベンダーがデジタル時代に加わりました。今やデジタルカメラは標準的な映画撮影手法であり、スタジオはデジタルフィルムのパイプライン全体を備えています。市場はある一点に収束しつつあります。それは、より高解像度で、より優れた「品質」（より優れた色再現、より高いラチチュードとダイナミックレンジを含む）を備えた、より安価なカメラです。

フィルムが光を取り込む際の光化学プロセスとは異なり、デジタル映画撮影用のカメラは、センサーを使用して光子を電子（光電子として知られています）に変換する電子機械です。センサーの種類には、たとえば次のようなものがあります。

- 電荷結合素子（CCD）
- 電子増倍型電荷結合素子（EMCCD）
- 相補型金属酸化膜半導体（CMOS）
- 裏面照射型CMOS

上記のセンサータイプはすべて、「すべての電子は負の電荷を持っている」という重要な特性を利用して動作します。つまり、電子は正の電圧で引き寄せられ、センサーの特定の領域に電圧を印加することで電子をセンサー内で移動させることができます。そこで電子を増幅してデジタル信号に変換し、最終的に画像として処理および表示します。このプロセスは、カメラセンサーの種類によって異なります。ここでは、**CMOS**センサーと**CCD**センサーという2つの最も一般的なタイプに絞って掘り下げたいと思います。これらは現在利用可能な唯一の技術ではありませんし、この技術は進化し続けるはずですが、光子を「取り込む」という原理はほぼ同じです。その特性を見てみましょう。

どちらのセンサーの原理も、光を電気に変換するという点で、ソーラーパネル／電池の仕組みにやや似ています。カメラセンサーを大きく単純化してみると、センサーを、何千もの極小の「太陽電池」のアレイとして考えることができます。それぞれの太陽電池は、光（光線）のごく一部を電子に変換します。その後重要になってくるのは、画像内の各感光セルの蓄積された電子電荷をどのように転送し、解釈するかです。この2種類のセンサーの違いを見てみましょう。

▶ CCD

CCDでは、電荷をチップ全体に転送し、アレイで読み取ります。アナログ・デジタル変換器が、センサーの各ピクセル値をデジタル値に変換します（図1.22）。

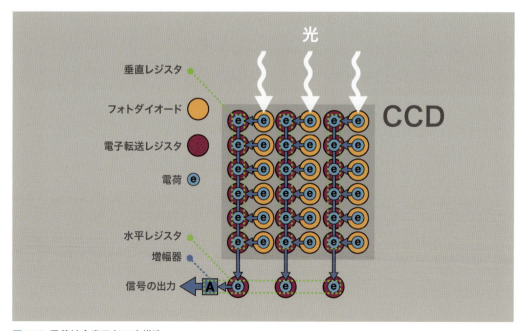

図1.22 電荷結合素子（CCD）構造

▶ CMOS

ほとんどのCMOSデバイスでは、各画素に複数のトランジスタがあり、従来のワイヤーを使用して電荷を増幅します（図1.23）。

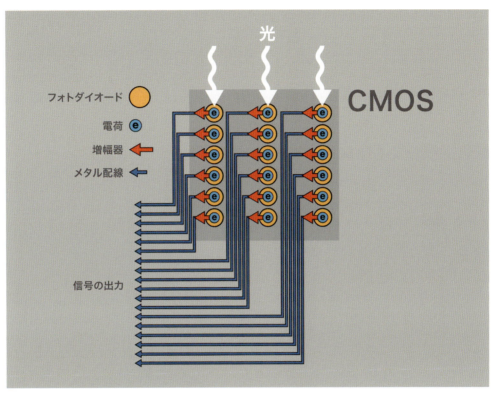

図1.23 相補型金属酸化膜半導体（CMOS）構造

▶ CCD vs CMOS

CMOS方式は各ピクセルを個別に読み取ることができるため、CCD方式よりも柔軟性が高いですが、CCDは歪みなしで、チップ全体に電荷を転送することができます。CCDは1970年代に初めてデジタルカメラに搭載されました。

このテーマをあまりに単純化しすぎかもしれませんが、電子工学の迷路に迷い込んでもいけないので、画像の質という点から考えてみましょう。私たちにとって主な違いは、CCDは「低ノイズ」画像を作成しますが、その代償としてスピードと感度が不足するため、低照度撮影やダイナミックに動きの撮影には不向きであることです。低速の理由は、センサー1つにつき出力ノードが1つしかないためとされています。つまり、数百万ピクセルの信号を1つのノードを介して転送しなければならないため、ボトルネックが生じ、処理速度が遅くなります。また、電子の移動速度が速すぎると、エラーや読み取りノイズが発生するため、ほとんどのCCDでは電子の移動速度を最高速度よりも遅くすることで、ノイズを低減するようにしています。さらには、次のフレームを露光する前に、センサー全体から電子信号をクリアしなければなりません。

一方、CMOS（CCDよりずっと以前から存在していましたが、普及したのはCCDよりも後です）も商業用画像処理業界で広く採用されており、スマートフォンのカメラやデジタルカメラ、画像処理デバイスのほとんどにCMOSが搭載されているほどです。CMOSが市場を席巻した主な理由は、CCDに比べて製造が容易でコストが安いことと、消費電力が低いことです。新バージョンのCMOSにより、カメラは大型センサーを搭載できるようになり、CCDよりもはるかに大きい視野を持てるようになりました。CMOSとCCDを主に区別するのは、並列処理です。CMOSは並列処理を行うため、はるかに高速で動作し、消費電力と発熱量が少なくてすみます。さらにCMOSは、RAW撮影などでより広いダイナミックレンジを保存することができ、CCDのように飽和やブルーミングの影響を受けることなく、暗い信号と明るい信号を同時に画像化することができます。

■ センサーフィルターアレイ

従来の光センサーには共通点があります。それは、波長特異性がほとんど、またはまったくなしで光の強度を検出しているため、カラー情報を分離できないことです。そのため、カラー情報をとらえるために、センサー上に特定の波長の光をフィルタリングするためのカラーフィルターアレイが設けられています。

3色の配列に応じて、さまざまなアレイがあります。とらえた光は、カラーフィルターのタイプに合わせて調整された**デモザイク**アルゴリズムを使用して処理され、フルカラー画像に変換されます。フィルターの色の配列とデモザイクアルゴリズムが、とらえた光の**色再現**を大きく左右します（図1.24と1.25）。

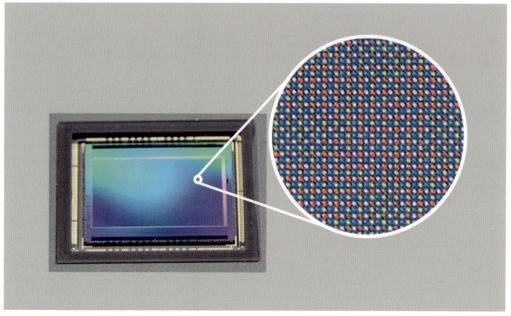

図1.24 センサーフィルターアレイ

図1.25 デモザイク処理前の画像のシミュレーション

ベイヤーパターン

最も有名なRGBカラーフィルターのモザイクの1つ、ベイヤーパターンを見てみましょう（図1.26と1.27）。

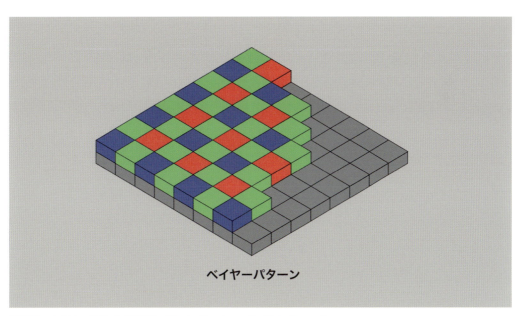

図1.26 ベイヤーパターンの配列。Illustration by colin M. L. Burnett

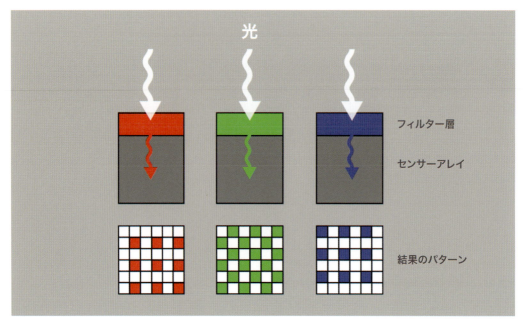

図1.27 成分ごとのベイヤーパターンの配列

1976年、イーストマン・コダック社のブライス・E・ベイヤーが特許を取得しました。ベイヤー氏はそのシステムにおいて、緑の要素を赤や青の2倍使用することで、ほかの2つの波長よりも緑に対してはるかに感度が高い人間の目の生理機能を模倣しました（図1.28）。

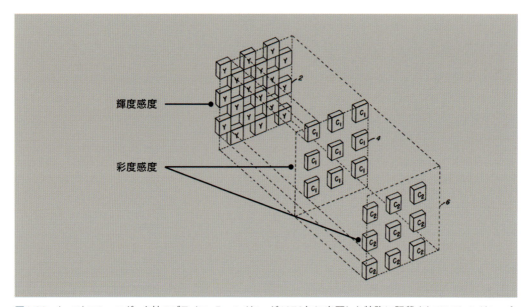

図1.28 イーストマン・コダック社のブライス・E・ベイヤーが1976年に出願した特許に記載されているベイヤーパターン

彼は、緑の光センサーは**輝度感度**が高く、ほかの赤と青の光センサーは**彩度感度**が高いとしました。彼のアルゴリズムでは、緑色が輝度を駆動し、ほかの2つの刺激の変化がカラー情報を作成します。

▶ 輝度 vs 彩度

彩度情報に対する輝度の知覚の違いを視覚化するために、ある実験をしてみましょう。人間の目は、彩度情報よりも輝度に敏感であるという例です。

図1.29では、フルHD画像（1920×1080ピクセル）で、輝度にのみ300ピクセルサイズのぼかしを適用しています。カラー情報は元のものとまったく同じですが、画像上の形をほとんど判別できません。

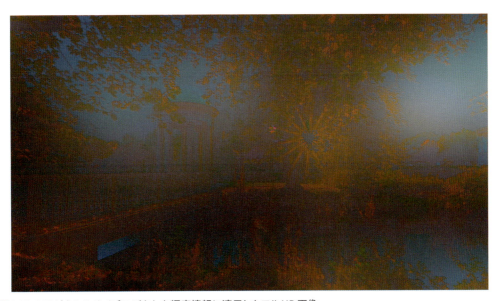

図1.29　300ピクセルサイズのぼかしを輝度情報に適用したフルHD画像

図1.30は、先ほどと同じ300ピクセルサイズのぼかしを彩度成分に適用し、輝度はそのまま維持した画像です。もちろん、色の精度はまったく良好ではありませんが、脳はそれを解読できるので、以前よりずっと鮮明に画像を見ることができます。

図1.30　先ほどと同じフルHD画像で、彩度情報に300ピクセルサイズのぼかしを適用したもの

図1.31の画像を見ると、輝度をぼかした場合よりも、彩度をぼかした場合の方が違いが小さいことがわかります。

図1.31 元の画像

■ クロマサブサンプリング

輝度（明るさ）vs 彩度（色）の知覚精度というテーマを念頭に置いて、有用な応用例を見てみましょう。私たちの知覚（またはその欠如）を利用し、ロスが目立たないような方法で画像を「圧縮」したらどうでしょうか？　これは、人間の目が色よりも輝度の空間的変化をより鋭く知覚するという事実を利用したもので、画像内の彩度情報の一部を平均化または減らします。しかしその前に、なぜ画像を圧縮する必要があるのでしょうか？　考えてみてください。画像表現で色について話すとき、私たちは指しているのはピクセルごとに保存された3つの正確なRGB値のことです。たとえば高解像度（HD）画像では、1920×1080ピクセルの解像度で2,073,600ピクセルとなり、現在のハイエンドテレビ規格である4K超高解像（UHD）では3840×2160ピクセルで8,294,400ピクセルとなります。つまり、4K UHD画像処理システムは、それぞれ独自のRGB値を持った800万を超えるピクセルを、毎秒24フレーム（フレーム毎秒、**fps**としても知られています）以上の高いフレームレートで処理し、解釈する必要があります！　そのため、電子的な理由や計算能力の問題から、カメラや画像データプロセッサが膨大な値を処理することが困難な場合があります。もちろん、それは可能であり、実際に行われてもいますが、そのためには高性能な機械が必要なためコストがかかります。では、データ量を減らす方法はあるのでしょうか？　方法はいくつもありますが、特に有効なのは、情報を無視することで、多くの問題を根本から解決するやり方です。その原理は簡単です。、色については明るさほど精度を必要としないので、明るさ（輝度／ルーマ）はそのまま維持し、一方で、色処理と知覚的均一性の実用的近似を保ちながら、ピクセル間で交互に色サンプルの収集を行うことで、赤、緑、青を**知覚的に意味のある**情報に処理します。言い換えれば、明るさをフル解像度でとらえる代わりに、色の解像度を低くするということです。これがクロマサブサンプリング[16]です。

カラーサイエンティストとエンジニアは、RGBモデルを使用して、RGB値を輝度Y（またはLuma[17] Y'）と彩度C値（色差の青はC_B、色差の赤はC_R）に変換するための、YCbCr[18]色空間を開発しました。RGBの結合された輝度データは別々にエンコードされ、1つの輝度チャンネルとなります。このデータだけで、完全かつ十分な白黒画像が構成されます。次に必要なのは、輝度曲線との色差に基づいて色を加えることです。これにより、帯域幅を削減したり、サブサンプリングしたり、圧縮したり、その他の方法を使用するなど、カラーを個別に扱えるため、システム効率を向上させることができます。圧縮アルゴリズムでは、輝度と彩度のデータを別々に保存することで、人間が最も感度の高い部分の情報をより多く保持し、変化が「知覚できない」色の情報を減らすことが可能です。ただし、残念ながらVFXでは、圧縮やサブサンプリングなしの、すべての彩度情報が必要です。特に、グリーンスクリーンやブルースクリーンからキーアウトする場合、人間はカラー情報の欠落に気づかないかもしれませんが、クロマキーなどの画像処理に使用するツールは、ディテールの欠落をアーティファクトの形で検出してしまいます。

通常、上位のデジタルシネマカメラでは、すべてのフレームが4:4:4という比率でキャプチャされます。最初の数字は輝度サンプルの数値を表し（Yの文字を思い出してください）、2番目は青の色差成分のサンプル数（C_B）、3番目は赤の色差成分のサンプル数（C_R）です（図1.32）。

図1.32 4:4:4のクロマサブサンプリング（輝度成分をそのまま維持）

4:4:4という比率は、完全な彩度情報を意味します。文字通り、4つの輝度サンプルに対して、赤の彩度サンプル数と青の彩度サンプル数がそれぞれ4つです。つまり1対1の比率です。

しかし、スマートフォンのような「コンシューマ」カメラでは、この比率はまったく一般的ではありません。この4:4:4の比率を採用しているのは、高規格のデジタルシネマカメラやフィルムスキャナーくらいです。完全なサブサンプリング画像をキャプチャするのは負荷が高いうえ、デジタルフィルムカメラは高解像度画像のために少なくとも毎秒24回それを行わなければなりません。カメラ内部に超高速プロセッサ、導体、ドライブが必要となり、製造コストが非常に高くなります。しかし、カメラメーカーは価格を下げ、よりコンシューマ向けにするための解決策を見つけました。自宅の猫を撮影するのに、誰もがこれほど高度な色精度を必要とするわけではないからです。「誰も」気づかないような、「ほんの少し」の情報を彩度から取り除くだけで、処理をかなり軽くすることができます。

ライブ放送イベントなど、クロマサブサンプリングがそれほど重要でないケースでは、4:2:2などの別の比率のクロマサブサンプリングが採用されました。これは、彩度情報が輝度情報の半分であることを意味します（図1.33）。

図1.33 4:2:2のクロマサブサンプリング（輝度成分はそのまま維持）

さらに進んで、輝度に対して彩度が4分の1である4:1:1もあります。また4:2:0では、彩度はやはり4分の1ですが、赤の色差成分と青の色差成分が垂直に1ラインおきに交代でサンプリングされるため、4:1:1と比較すると、水平ラインの情報は2倍になりますが、縦ラインの情報は半分になります。4:2:0のクロマサブサンプリングは、スマートフォンを含むコンシューマカメラに広く普及しています（図1.34と1.35）。

図1.34 4:1:1のクロマサブサンプリング（輝度成分はそのまま維持）

図1.35 4:2:0のクロマサブサンプリング（輝度成分はそのまま維持され、彩度成分を1ラインおきに交代でサンプリング）

▶ ビジュアルエフェクトにおけるクロマサブサンプリングのアーティファクト

これらの一連の画像[19]を見ると、彩度情報がその解像度を下げてサブサンプリングされたとき、何が起こり、それが私たちの作業にどのように影響するかがわかります（図1.36）。

図1.36 クロマサブサンプリングのシミュレーションのディテール（左から右に4:4:4、4:2:2、4:1:1）

この図は、輝度と彩度にぼかしを適用する実験に使用した前の画像の一部です。4:4:4、4:2:2、4:1:1という3種類のクロマサブサンプリングで同じディテールを示したものです。どれもまったく同じに見えるませんか？　元の画像との違いを見つけようとしても、わからないと思います。信じられないかもしれませんが、彩度情報は大きく圧縮されています。

クロマサブサンプリングが処理にどのように影響するかを確認するために、この画像にマットを作成してみましょう。**Keylight**のようなシンプルな**チャンネル差キーヤー**を使用します。正確な違いがわかるよう、Keylightのセットアップは同じものを使用し、ターゲット値が同一になるようにします。

以下の1つ目の例は、元の4:4:4の画像をキーイングしたものです（図1.37）。

図1.37 色差キーヤーによる4:4:4でのマット抽出（左から右にソース、マット、乗算前の結果）

2つ目の例では、4:2:2の画像に同じ処理を施しました（図1.38）。

図1.38 色差キーヤーによる4:2:2でのマット抽出（左から右にソース、マット、乗算前の結果）

最後の例は、4:1:1の画像をキーイングした結果です（図1.39）。

図1.39 色差キーヤーによる4:1:1でのマット抽出（左から右にソース、マット、乗算前の結果）

これらのマットは、エッジがあまり正確ではありません。Keylightの同じセットアップを、色は同じですがクロマサブサンプリングに圧縮がない元の画像に適用したところ、エッジは滑らかで、オブジェクトの形状に正確な結果となりました。

このような理由から、画像を操作するには完全な情報が必要です。クロマサブサンプリングも含め、圧縮されていない画像です。

これで第一章は終了です。光学要素と、カメラがどのように色をとらえるかの基本について学びました。次の章に進みますが、この章では、頭の中で何となく知っていたいくつかの概念を（知識として知ってはいても、完全には理解しないまま使用していたかもしれません）、明確にすることができたと思います。次はデジタル画像の核心について、より深く掘り下げていきましょう。

注釈

1   通常、光は互いに直角に伝搬する電気成分と磁気成分の正弦波で構成されており、このような光は一般に無偏光と呼ばれます。しかし、光が偏光している場合、振動の方向または面は1つしかありません。完全に偏光した光は、正弦波状の均一な螺旋運動で伝播し、末端が楕円として可視化されます。これは楕円偏光として知られています。「**Handbook of Analytical Techniques for Forensic Samples**」（Chaudhery Mustansar Hussain、Maithri Tharmavaram 著、2021年、https://shop.elsevier.com/books/handbook-of-analytical-techniques-for-forensic-samples/rawtani/978-0-12-822300-0）

2   **3色型（Trichromatic）**：3つの色で構成されること。ギリシャ語のτρεῖς（treîs）は、「3（Tri-）」を意味し、χρῶμα（khrôma）は、「色（**chromatic**）」を意味します。

3   **明るさ**は、見ている対象の輝度によって誘発される知覚です。

4   **放射測定**とは、電磁波フィールドや光に含まれるエネルギーやパワーを測定することです。

5   **測光**とは、人間の目の感度に応じて重み付けされた単位で可視光を測定することです。

6   **輝度**とは、特定の方向に進む光の単位面積当たりの光度（反射光など）を測光したものです。特定の領域を通過する光の量、特定の領域から放出または反射される光の量、特定の立体角内で入射する光の量を表します。

7   ビデオにおける**ルーマ（輝度）**は、ビデオの電流信号（無彩色、カラー情報のない画像）の明るさを表し、ガンマ圧縮された各原色の光量知覚への寄与によって定式化されます。ルーマを計算する方式は、採用する規格によって異なります。

8   ここでの**露光**の増分は、光量を増やすか、露光時間を増やすかのいずれかで適用できます。たとえば、物理的にもう1つ同等の光源を追加するか、レンズの絞りを開いて入射面を2倍にして、光量を2倍に増やすと、2倍の時間フレームを露光するのと同じ結果が得られます。

9   **LUT**：ルックアップテーブル。事前に決められた数値の配列を表す用語で、特定の計算のためのショートカットを提供します。カラー操作というコンテキストでは、LUTはカラー入力値（カメラ値など）を希望する出力値（映像を視覚化するための表示可能な値）に変換します。LUTについては本書で後述します。

10 **トライパック**1つの色成分につき1本のフィルムストリップを使用します。テクニカラーには、2本のフィルムストリップを用いる2色式のバイパックもあります。

11 **モノパック**。すべての色の感光層が単一のフィルムストリップに含まれています。

12 **タングステンライト**は、自宅やオフィスなどの屋内に人工的な光を提供するために使用される、最も一般的な種類の白熱電球です。タングステンフィラメントが不活性ガス内に収められており、電流がフィラメントを通過すると、タングステンのもともと高い電気抵抗によりフィラメントが発光し、「オレンジ」色の光を放ちます。タングステンライトの色温度は約3200Kです。カメラのホワイトバランス設定でこれを解決しないと、色温度が低く、全体的にオレンジ色調の画像になります。

13 **黒体**：《黒体と呼ばれる、理想的な物体が定義されています。黒体は、すべての入射エネルギーを内部に透過させ（反射エネルギーはありません）、内部ですべての入射エネルギーを吸収します（黒体を透過するエネルギーはありません）。これは、すべての波長の放射エネルギーと、すべての入射角度に当てはまりますそのため黒体は、すべての入射放射エネルギーの完全な吸収体です。》「**Thermal Radiation Heat Transfer**」（Vol. 1, 4th ed.）（Siegel, R., & Howell, J. R.著、2002年、Taylor & Francis、https://www.routledge.com/Thermal-Radiation-Heat-Transfer/Howell-Menguc-Daun-Siegel/p/book/9780367347079）

14 **ケルビン**（記号は**K**）：国際単位系（SI）における温度の主要単位。エンジニアおよび理学者であり、初代ケルヴィン男爵のウィリアム・トムソン（1824-1907）にちなんで名付けられました。ケルビンスケールは熱力学的絶対温度スケールであり、**絶対零度**をゼロ点としています。

15 **ISO**後に数字（400や800など）を続けることで、あるフィルム乳剤の光に対する感度を表します。しばしば「フィルム感度」とも呼ばれます。ISOの数字が大きいほど、光に対する感度が高いことを示します。

16 ファイル圧縮とその方法については次の章で説明します。

17 **輝度vsルーマ**：**輝度**は、特定の表面積から特定の角度に人間の目に見える光の明るさで、人間の目の**知覚**または**捕捉力**とみなされています。**輝度**は表面の**明るさ**によって決まることが多く、**国際照明委員会（CIE）**によると、RGB成分の線形成分の和です。**ルーマ**も**輝度**を表す用語で、プライム記号（'）は**ガンマ補正**された**輝度**の成分の和であることを示します。**ルーマ**は画像の「グレースケール」の強度であり、現在の画面、ビジュアル、画像の白黒部分の**明るさ**です。つまり、**輝度**は人の目が見える光の明さで、**ルーマ**は画像の明るさだと言うことができます。

18 **YCbCr**、**Y'CbCr**、または**Y Pb/Cb Pr/Cr**（YC_BC_Rまたは$Y'C_BC_R$とも表記されます）は、ビデオおよびデジタル写真システムにおけるカラー画像パイプラインの一部として使用される色空間の仲間です。Y'（プライム記号付き）は**ルーマ**を示し、**輝度**を意味するYとは区別されます。**ルーマ**と**輝度**の違いは、**ルーマ**では光の強度がガンマ補正されたRGBプライマリに基づいて非線形にエンコードされることです。

19 **クロマサブサンプリングの例についての注意**：クロマサブサンプリングの概念をより明快にするために、すべての例で、サブサンプリングされた彩度情報のクラスターが見えるよう、補間なしで彩度情報をフィルタリングしました。実際のシナリオでは、補間とフィルタリングがさまざまな方法のエンコードで適用されるので、サンプルの分布がより滑らかになり、見栄えは向上します。しかし、それでも輝度／彩度サンプルの配置精度は不足するため、まったく同じ種類のアーティファクトが発生します。

2
デジタルカラー操作の要素

この章では、デジタルカラーの技術的な構成要素を確認します。色を表すデータをどのように操作できるかを理解できるように、あらゆる要素について議論します。デジタルイメージング関連のインフォマティクスの基礎など、デジタルデータを構成する、さまざまな要素について理解してから、デジタルでカラーを管理し始めることが重要です。色空間やデータ構造といった複雑な要素について検討し始めたときに、用語や技術の落とし穴にはまらないようにする必要があります。

■ カラーデータ

私は、言語が知識を形成すると強く信じています。言葉の起源を理解することは、新しい事実を定義し、分類し、情報を知識に変えることに役立ちます。そして本書で私が目指すのは、知識を実用的なリソースに変換することです。だからこそ、私が皆さんに最初に問いたい質問は、「**デジタルという言葉は実際のところ何を意味するのか？**」です。専門技術の言語をマスターすれば、私たちの学ぶ力が言葉によって制限されることはありません。公式や事実は、専門用語と同じくらい重要です。

デジタルという言葉は、今日では日常的に使われています。これは、ラテン語で指を意味する「digitum」に由来する言葉です。しかし、古代ローマ人の指と現代のコンピュータの世界にどのような関係があるのでしょうか？　**ローマ数字のI、II、III、IV、V**は、商取引（ウォール街の証券取引所を想像してみてください。ただし着ているのはトーガです）で指の本数を書き留める慣習から生まれたと考えられています。原始的な数字の表現方法であり、数字という概念をまだ理解していない幼い子どもが自分の年齢を表現する方法と同じです。つまり、1本の指のような1本線（I）、2本の指のような2本線（II）、3本線（III）、4でさえより現代的な記号のIVが登場する前は4本線（IIII）で記されていました。5を表す「V」は、手を大きく開いた状態に似ており、親指とほかの指が手のV字を形成します（図2.1）。

図2.1 ローマ数字の5を表す「V」（手全体）

したがって、**デジタル**という言葉は数字に関係するものに割り当てられるものであり、コンピュータは、膨大な桁数を処理できる非常に洗練された計算機以外の何物でもありません（指で計算するローマ人よりもはるかに高速なのは確かです）。

デジタル画像は、ディスプレイに画像を表示するために解釈および処理される数値の配列です。画像を構成する情報の最小単位は**ピクセル**で、これは2つの用語（*pict*ure（**写真**）と*el*ement（**要素**））の短縮形からできています。

それぞれのピクセルが画像内でアドレスを持ち、カラー値として処理される独自の数値を格納しています。この数値の複雑さは色の複雑さに直結します。カラーマネジメントにおいて最も重要なことの1つは、ピクセルが生成され、操作され、描画された方法をもとに、それらの値がエンドツーエンドで正しく解釈されるようにすることです。

コンピュータが格納できる情報の基本単位は**ビット**です。ビットも2語を組み合わせた言葉で、*binary*（**2進法**）と*digit*（**数字**）の短縮形です。ビットには2つの状態があり、通常は0と1として表記します。このテーマについては本書のChapter 7でより深く解説しますが、ここでコンピュータのデータ構造の基本を確認しておいた方が、デジタル画像のほかの構成要素について話を進めるうえで得策でしょう。

2つの値それぞれに任意に「色」を割り当ててみましょう。0の値には黒、1の値には白です。「色」を表す1ビットだけでデジタル画像を作成できますが、フォトリアルな画像には遠く及びません。画像には黒または白のピクセルが含まれています。すべてのピクセルを電球だと想像してください。スイッチをオン／オフすると、それが「ディスプレイ」への指示となります。すべてのピクセルは極小の「電球」であり、1ビットの値に基づいてオン／オフするよう指示を送って、画像を表現します。より鮮明にしたい場合はグラデーションが必要で、白と黒の間に「グレー」値を割り当てるために、さらに多くのビットが必要になります（図2.2）。

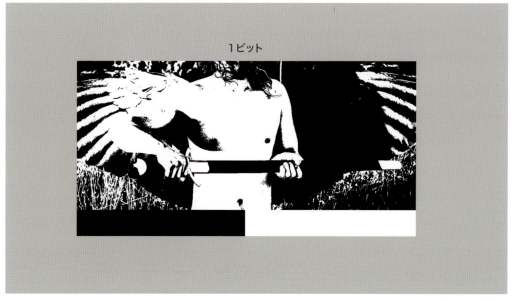

図2.2 1ビット画像

色を定義するための1ビットを加えると、2ビットになります。これにより、2つの利用可能な状態（0と1）の組み合わせによって、可能な値の数が2倍になります。具体的には、00、01、10、11の4つの値の組み合わせです。そのため、これらの値に「色」[1]を、つまり黒、白、2つの指定したグレーの色合い（1つは3分の1が白の暗いグレーで、もう1つは3分の2が白で明るいグレー）を割り当てることができます（図2.3）。

図2.3 2ビット画像

さらに加えて4ビットにすると、それまで利用可能だった値の数はもっと増えて16となり、黒と白の間のグレーの色合いをより多く使用できるようになります（図2.4）。

図2.4 4ビット画像

このように、ビット数が増えるほど、「電球」を調光できる中間状態が増えることになります。しかし、最終的に割り当てられる色、白、黒の見た目は常に同じままであることに注意してください。完全にオン（白）と完全にオフ（黒）の間の中間状態の精度を高めているだけで、ビットを増やしても「電球」が明るくなるわけではありません。

ビットのかたまりを**ワード**として扱うこともできます。ビットをグループ化し、状態を組み合わせ、一意のビット値の組み合わせの**ワード**に、さまざまな色を割り当てます。

データの保存には、**バイト**という単位を使用します。**バイト**はデジタル情報の単位で、一般的には8ビットで構成されます（1バイトのビット値の組み合わせの例：「01010101」「11110000」「11001100」「11111111」など）。

その単位記号は**B**です。**ビット**と**バイト**は、間違えやすいので、気を付けましょう。**バイト**には、マルチバイト単位を表現する2種類の指標があります。1つは10進法のメートル法と同じく、1,000倍するごとに単位の接頭辞が変わるもので、ここでは**10の累乗**単位と呼ぶことにします。

10の累乗単位

- 1000 kB キロバイト
- 1000^2 MB メガバイト
- 1000^3 GB ギガバイト
- 1000^4 TB テラバイト
- 1000^5 PB ペタバイト
- 1000^6 EB エクサバイト
- 1000^7 ZB ゼタバイト
- 1000^8 YB ヨタバイト

もう1つは、コンピュータのメモリで使われる2の累乗数（2^x）に応じて単位の接頭辞が変わる単位システムです。たとえば1キビバイト（KiB）は2^{10}で、10進法の1024に等しくなります。

IEC標準単位		慣例的に使われているメモリ単位		
1024 KiB	キビバイト	>>>	KB	キロバイト
1024^2 MB	メビバイト	>>>	MB	メガバイト
1024^3 GiB	ギビバイト	>>>	GB	ギガバイト
1024^4 TiB	テビバイト	>>>	TB	テラバイト
1024^5 PiB	ペビバイト			
1024^6 EiB	エクスビバイト			
1024^7 ZiB	ゼビバイト			
1024^8 YiB	ヨビバイト			

このように2つの異なる数値を示す単位があります。たとえば、**テラバイト**は、1000^2または1024^2のいずれかです。この問題は、パーソナルコンピューティングの初期の数十年間に発生しました。1024はおよそ1000であるため、便宜上、2進数の倍数にSI接頭辞キロを使用したせいです。この**慣例**は、Microsoft Windowsオペレーティングシステムによって普及し、Appleでも使用されました、その後、Mac OS X 10.6 Snow LeopardおよびiOS 10では、**10の累乗**の単位に切り替えられました。そのため、単位に

関してはまだ多少の混乱が残っており、単位の表記に関しても、**kB**と**KB**のどちらなのかという、混乱があるのは当然です。何を意味するかによって変わってきて、**kB**は1000バイトで、**KB**は1024バイトです。この例外を除けば、**10の累乗**スケール（および慣例）では、ほかのすべてのバイト単位は2文字で構成され、必ず大文字です（MB、GB、TBなど）。

現在では、混乱を避けるため、**10の累乗**単位を使用する方向に業界は動いています。IEC[2]はさらに、キロバイトは1000を指す場合にのみ使用すべきであると規定しました。私としては、ビットの組み合わせ、つまりワードを表す値の数を計算する方法が2つあることを理解してもらうことが重要です。10の累乗を使うこともありますが（主にメモリストレージ用）、色のビット数（ビット深度）を参照するときは、依然として2進数（2^x）を使用して利用可能な「色」の数を計算するからです。

ビットに戻ると、カラーデータを定義する画像のビット数が多いほど、「黒」から「白」までの階調またはグラデーションが多くなることを容易に推測できます。これを**ビット深度**（色深度）と呼びます。ビット深度を上げると、画像を保存するファイルサイズが大きくなり、そのため処理負荷も同じペースで増加するのは明らかです。色情報は1ピクセルごとに保存されるため、画像のビット深度と画像解像度（画像サイズ形式）の組み合わせがファイルサイズに大きく影響することを忘れないでください（図2.5）。

図2.5 8ビット画像

従来のコンピュータモニターは、**チャンネルあたり**（R、G、Bの各原色を意味する）8ビットで画像を表示します。計算すると、1チャンネルあたり$2^8=256$の値があり、これを合わせると$256^3=16,777,216$通りの色の組み合わせ、つまり1600万色以上になります！　1章で述べたように、人間の目が識別できる色は約1000万色ですから、理論的には8ビット画像の色解像度以下であることに注意してください。これが極めて重要なのは、8ビットの色深度であれば、フォトリアルな画像を表現するのに十分なカラー値を含むことができるためです（図2.6）。

図2.6 チャンネル(RGB)あたり8ビットの画像

各チャンネルに8ビットということは、ファイルは合計24ビット(**ピクセルごとのビット数**(bpp))になります。またマットの「透明度」を示す8ビット**アルファチャンネル**も含めると、32ビット画像になります(図2.7)。

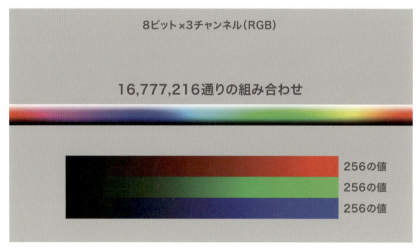

図2.7 8ビットRGB画像で利用可能な16,777,216色の組み合わせ

ただし、**32ビット画像**と**チャンネルあたり32ビットの画像**を混同しないように注意してください。ビットに注目しましょう！ 画像のビット深度について話すとき、私たちは通常、**チャンネルあたりのビット数**の前提でビット数という用語を使います。したがって、32ビット画像は、赤が32ビット、緑が32ビット、青が32ビットあることを意味し、また特に指定がない限り、画像に含まれるその他のチャンネルについても同様です。

チャンネルあたり32ビットの画像は、非常に正確な**線形に分布**[3]した色情報を格納するように設計されています。すべてのファイル形式がこの高いビット深度をサポートしているわけではありません。一般的に

使用される32ビットファイル形式の良い例としては、**OpenEXR**ファイル（exr）があり、特定のCGユーティリティレンダリングのArbitrary Output Variables（AOV）（**ユーティリティパス**）で特に使用されます。これには、たとえばサーフェス法線（**N**）、ポイント（Pixel）位置 - 3D用語で（**P**）、奥行き（**Z**）など、ライティングやシェーディング情報を表さない任意の種類のデータのみが含まれます。

フィルムスキャンは、32ビットの半分の精度である16ビットリニアでキャプチャできますが、それでもフォトリアルな色情報をとらえることができます。また、従来の値である1の白を超えるデータや、0（負の値）のブラックポイントより小さいデータをキャプチャできるので、ポストプロダクションでフィルムスキャンの露光を変更し、ハイライトやシャドウのディテールを明らかにすることもできます。チャンネルあたり32ビットの画像について計算してみたことはありますか？　確かに、それはとてもとても長い数字です（後述します）。想像がつくと思いますが、これらの途方もなく長い数字を処理するのは、高速なコンピュータであっても非常に時間がかかるため、計算を最適化することが重要です。この問題に対する優れた方法の1つは、ビットの情報を賢く使用することです。必要以上のビットを使用しないことが良い出発点にはなりますが、カラーマネジメントでは、ファイル処理に特定の基準があり、データの流れや処理が特定のビット深度に制限されます。また、色の操作を実行するソフトウェアのワーキングスペース用のビット深度と、データを送るためのファイル交換または転送用のビット深度は異なるのが普通です。

浮動小数点

これまではビット深度のビットを使用して整数[4]を定義してきました。しかし、これは、ビットを使用してデータを格納したり、値を表す唯一の方法ではありません。**浮動小数点**について説明しましょう。

浮動小数点は、整数で32ビットを同じように使用するよりも、より広い範囲の数値を表現できるコンピュータの数値表現です。正式名称は**単精度浮動小数点数**で、**FP32**または**float32**としても知られていますが、ほとんどの場合、**浮動小数点**と呼びまます。**浮動小数点**変数は、ビット幅は同じですが精度を犠牲にした**固定小数点**[5]変数よりも、広い範囲の数値を表すことができます。さらに、**固定小数点**の数値表現は、**浮動小数点**の数値表現よりも複雑で、より多くのコンピュータリソースを必要とすると考えられています。そのため、**浮動小数点**の方が**固定小数点**よりも文字通り計算が高速です（図2.8と2.9）。

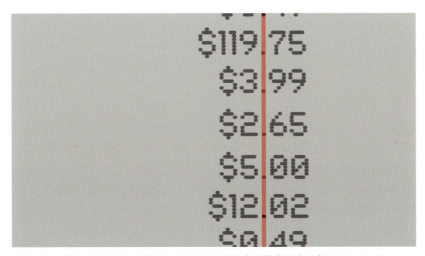

図2.8 アメリカのスーパーマーケットの価格は、セントを示す固定小数点形式で表示されています。

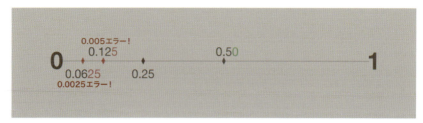

図2.9 固定小数点の精度のジレンマ

そのため、**ピクセルあたり**32ビットの画像（RGBA画像でチャンネルあたり8ビット）と、チャンネルあたり32ビットの浮動小数点画像との混同を避けるために、慣例的に2番目の画像を単に**浮動小数点**と呼びます。

最も一般的に使用されている浮動小数点の標準規格は、IEEE[6,7]規格で、ここでも使用しています。

次に示すのは、32ビット浮動小数点変数の式です。有効数字は、**仮数**（**s**）を、**底**（**b**）に仮数部の精度（**p**）から1を引いた値で乗じた値で割り、**基数**に**指数部の幅**（**e**）を乗じた値を掛けたものです。$(s \div b^{p-1}) \times b^e$、つまり底を2にすると、図2.10になります。

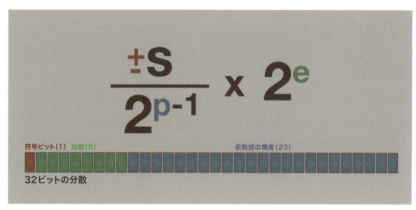

図2.10 浮動小数点データ構造のビット分布

この32ビットは、コンピュータのメモリにどのように分散され、格納されるのでしょうか。お見せしましょう。

- **符号ビット**用に1ビット：正または負を表します。
- **指数部の幅**用に8ビット
- **仮数部の精度**用に23ビット。実際には、**仮数部の精度** = 1は説明する必要がないため、24レベルを表します（1の累乗では結果の値が変わらないため）。

そして、それを保存するためには、**4バイト**のメモリが必要です。

このオプションでは、6〜9の有効桁数の10進型の精度が提供されます。より実際的な言い方をすれば、各成分に対して0.00000001の増分でカラー値を表すことができます。

32ビットの**整数**コンテナの最大値は、$2^{31} - 1 = 2{,}147{,}483{,}647$ で、**浮動小数点**コンテナの最大値はチャンネルあたり $(2 - 2^{-23}) \times 2^{127} \approx 3.4028235 \times 10^{38}$ に達します！[7]

浮動小数点と呼ばれる理由をごく単純に説明しましょう。表現される有理数に含まれる点記号[8]（ご存知のように、整数値間の精度を表すために小数部の桁数を表現する役割を持ちます）が、必要な精度に関係なく常に同じ数の小数部の桁数を含む固定小数点変数とは反対に、浮動小数点では、必要に応じて精度のレベルを拡張するために移動できます。たとえば、7桁の固定小数点を持つ数値は、その最小小数の最大精度レベルである0.0000001に制限されます。一方、浮動小数点は特定のコントロール（上記の最大値の式で表現されているように、科学的表記法[9]において仮数部の乗算に使用する10の底に関連付けられた指数）を持ち、点記号を移動させて（つまり小数部の桁数上で浮動させて）、表現された数値の精度を表現するのに必要な数の小数を収容します。つまり、7桁固定の0.0000001の例では、点には数値1の上で「浮動」している7桁（小数部の桁数を追加）があると言うことができ、科学的表記法では、1×10^{-7}と表されます。指数$^{-7}$は、点が数値上（左側）で「浮動する」位置の数を表し、1は「ゼロより下に沈む」ことになります。指数が正の場合（1×10^{7}）、点記号は反対方向（右）に浮動し、大きい数を示す指標となり、ゼロは「元の数の1より下に沈み」ます。結果は10,000,000です。底10の指数を変更することで、点記号をいずれかの方向に、特定の桁数だけ浮動させることができます。固定小数点を使用すると、与えられた数値を表現するために必要な精度に関係なく、小数部の桁数は常に同じ数になり、整数のみを表現する場合でも同じです。したがって、前述の7桁の固定小数点を持つ数値の例に従うと、1は1.0000000と表現され、結果として不要な精度を表現するための桁が無駄になります（桁はコンピュータストレージのビットを占有することに注意してください）。この例が、浮動小数点という名前の由来を理解するのに役立つことを願っています。

半精度浮動小数点数（ハーフフロート）

浮動小数点変数の高い精度は常に必要なわけではありません。一般的な8ビット画像と比べると、処理がはるかに重く、低速です。一方で、わずか256の値しか持たない8ビットは、画像処理中にすぐに精度が不足します。浮動小数点の手法と同じ効率性を利用してビット数を最適化し、表現可能な値の範囲を増やしながら、ビット数を減らす良い妥協策はないでしょうか？　この疑問に対する答えは、2002年にNvidiaとIndustrial Light & Magicの研究結果としてもたらされ、16ビット半精度浮動小数点数（ハーフフロートとも呼ばれます）が策定されました。32ビットのフル浮動小数点より精度は劣りますが、メモリストレージは半分になり、結果として処理時間は短くなります（図2.11）。

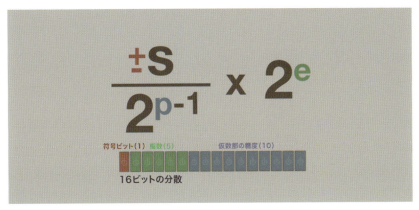

図2.11　半精度浮動小数点数データ構造のビット分布

わずか2**バイト**で以下を格納できます。

- 1 符号ビット
- 指数部の幅用に5ビット
- 仮数部の精度の10ビット

おわかりのように、扱う数字が巨大です。これでは、有効桁数を使った特定の数値が、どの程度の強度や割合を表しているかを理解するのが非常に難しい場合があります。ここで便利なのが次に説明する正規化です。

正規化

0～255までの8ビットの整数スケールを使用するよりも、親しみやすい輝度値の範囲のスケールを見つけた方が簡単ではないでしょうか？ つまり、8ビットの範囲には256の値があるので、中間点は128になるはずです。しかし、いわゆる半分、2倍といった概念から一歩進み、同じ8ビットスケールで値87の明るさの度合いはどれくらいかなどと考えようとすると、これらの数字はやや理解しにくいものです。また、8ビット画像と10ビット画像を合成する際には、2つの画像のビット深度の範囲が異なるため、同じ整数値が異なる割合を表すことになります。すべてのビット深度に対応できる数値スケールに揃えるために、輝度値を表現する標準的な方法が必要です。それが正規化です。

ここでの「**値を正規化する**」とは、最小値を再マッピングして、それを0に設定し、8ビットモニターの最大値を1に設定することです。つまり、すべての値を0と1の間に圧縮し、小数点を使用して間の値を表します。これで、0と1の中間点を計算するのははるかに簡単になり、もちろん0.5です。この数値は、8ビットスケールにおける128と同じ相対位置にあります（図2.12）。

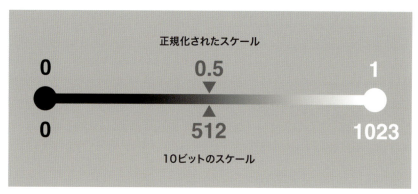

図2.12 正規化されたスケールvsビット値のスケール

数学では、理論上、任意の数を好きな回数（無限回でも）除算できます。しかし、本書での実用的な観点では、除算できる数値は、使用するビット深度の精度レベルによって制限されており、カラーマネジメントについて言えば、通常は最小32ビット浮動小数点を使ったワークスペースで処理することになります（**浮動小数点**の途方もない最大値を覚えていますか？ そうです、実質的なのは**無限小**の除算です）。つまり、正規化されたスケールの最大値の1から、同じように「無限小」の除算を行うことができます。1の半分は0.5、0.5の半分は0.25、0.25の半分は0.125、0.125の半分は0.0625というようにです（ところで、小数上で

点が「浮動」していることにお気付きでしょうか）。より細かい数を定義するためには、**小数部の桁数**に応じてより多くの数値を配置する必要があることに注意してください。**精度**が高いとは、表される数値の桁数が必要に応じて増えることを意味します。

従来より、画像処理ソフトウェアは、一定の小数部の桁数を持つ固定小数点でカラー値を表示します。ただしこれは、ソフトウェア内部での色の処理方法を示してはいません。具体例を挙げると、Nukeのビューアーでは、サンプル領域の色平均として表示される情報は、小数部が5桁の固定小数点に丸められた4つの数値（RGBAに対応）で表されますが、これは**浮動小数点**の精度を表すには精度が足りません。一方、ピクセルアナライザーパネルには、小数部が最大7桁の**完全な浮動小数点**の精度で情報が表示されます（表示される有理数によって必要とされる場合にのみ表示）。いずれにしても、このソフトウェアの内部ワークスペースは32ビット浮動小数点で、すべての画像はそのレベルの精度で処理されます（図2.13）。

図2.13 ネイティブの浮動小数点範囲の精度でのNukeのビューアーvsピクセルアナライザー

一般的に、正規化とは、画像の輝度値を、モニターの輝度範囲の値に当てはめることを指します（通常は8ビットスケール内で参照されます）。基準として、モニターで実現可能な最も低い黒を0、最大輝度を1とし、その間の任意のステップを小数点を含む有理数で指定して精度を表します。1を超える残りの値は、参照される8ビットスケール（モニタースケール）の輝度スケールに比例してスケーリングされます。

■ リニア

前述したように、Nukeのような最新の画像処理および合成ソフトウェアは、**32ビット浮動小数点**のビット深度レベルの色精度で、**リニアライト**ワークスペースにて画像を処理します。**リニアライト**の概念については本書の後半で掘り下げますが、今のところ、**リニアライト**の概念を十分に理解するために知っておいてほしいのは、どの色空間でも、その色空間の値を2倍にした場合に2倍の明るさの色になれば、その色空間はリニアだとみなせるということです。リニアとは、値と、結果として得られる色の全体的な明るさの関係を指します。

したがって、画像の**リニア変換**とは、任意のカラーデータを変換して、前述の関係を維持するようにサンプルを並べ替え、カラー値の数列が全体の輝度の数列と一致するようにすることを指します。

たとえば、RAW画像（イメージセンサーの直接出力を含む）はもともと**ノンリニア**なので、**数学関数**を使用してその元の曲線を「直線化」する必要があります。これは一種のリニア変換で、ホワイトバランス調整（RGB曲線を揃える）や黒レベル補正（曲線の始点（下端）を、輝度で返される0値のポイント（ブラックポイント）に設定する）などのほかの演算の前に行われます（図2.14）。

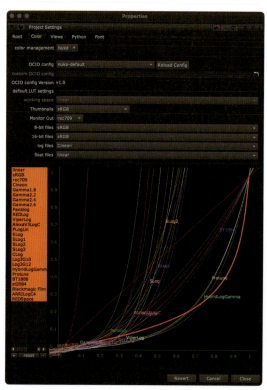

図2.14 特定の色空間からリニアライトワークスペースに変換するためのNukeのリニア変換ルックアップテーブル（LUT）

ここでのリニア変換とは、各チャンネル（R、G、B）の元の曲線を「**直線化**」して、**曲線**のノンリニア数列を、算術的にリニア数列の**曲線**[10]（$x = y$）に変換することだけを指すことに注意してください。

リニア変換のもう1つの一般的な例は、おそらく私たちのワークフローにより身近なもので、画像にエンコードされたガンマまたはLogエンコーディングのバランスをとるプロセスで発生します。画像にベイクされたガンマの逆関数を適用するか、**log**画像の場合は、画像にエンコードされた輝度サンプルの対数分布を適用することで、ノンリニア数列を無効にし、中和されたリニア数列に変換にします（図2.15）。

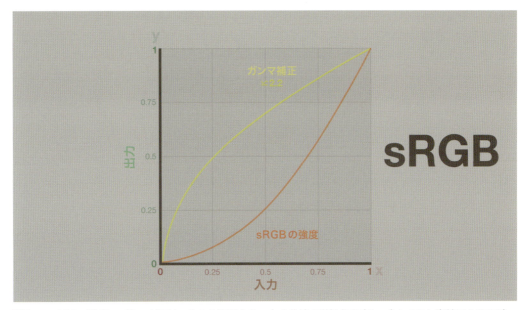

図2.15 sRGBの強度 vs ガンマ補正（一方の曲線はもう一方の曲線の逆操作を表し、合わせると直線になります）

しかし、なぜ**リニア**と呼ぶのでしょうか？ リニアライト色空間とは、数値の強度値が、知覚される強度に比例して対応することを意味します。本書の後半で色空間について深く議論するときに、LUTについても説明しますが、ここでリニア変換と、入力と出力の1:1の比率（$x = y$）をイメージしておくことをお勧めします。それでは、2Dの直交軸を配置した、LUTのカラー値のグラフを観察してみましょう（図2.16）。

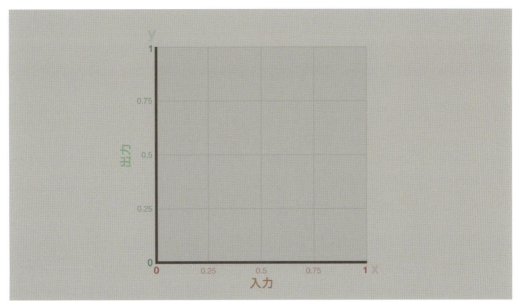

図2.16 0から1までの正規化された直交座標グラフ

これは2D直交座標グラフで、これまで何度も見てきたように、水平軸 *x* (入力：与えられたデータ) と垂直軸 *y* (結果として得られる輝度) の両方に、0〜1に正規化された値が示されています。両方とも**等差数列**をなしており、これはシーケンス内のすべてのステップ間の距離が等しいことを意味します。*x* 値は入力 (元の画像の与えられた値) で、*y* は出力 (処理後の結果) であり、処理は通常、関数あるいは配列による変換です。対応する値を読み取るには、*x* 軸上で値を選択し、*y* で結果を「ルックアップ (検索)」します (図2.17)。

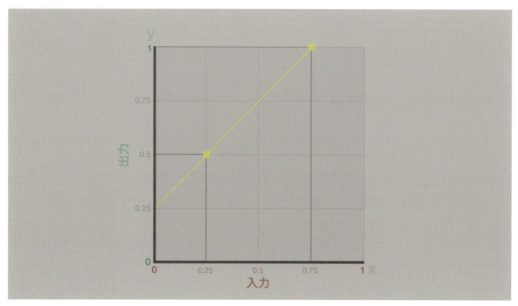

図2.17 オフセットが +0.25 のルックアップテーブル (LUT)。結果は「直線」のままですが、数列は x と y が等値であること (1:1) を表していません。

固定小数点によるLUTの色操作の概念を理解するには、単一の点を使用する方が簡単です。たとえば、*x* に0.25という値が与えられ、*y* には0.5の強度を返したいとします。また、*x* に0.75という値が与えられたら、*y* には1の強度を返したいとします。この結果の間の値を算術的に補間すると、図2.17のような直線になります。

変更のない値、つまり「**静止状態**」(演算によって結果がまったく変更されていない) の LUT を表現したい場合は、入力値と出力値が同じでなければなりません ($x = y$)。これは、いわゆる輝度の**リニア**数列であり、*x* の増分がすべて、*y* で表現される輝度の増分に一致します (図2.18)。

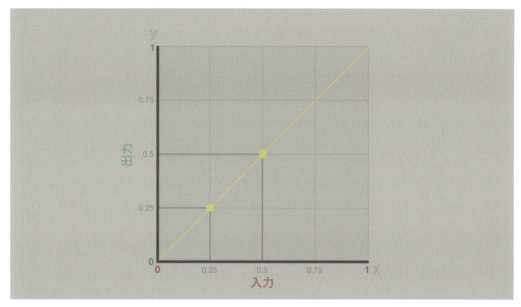

図2.18 明るさがリニア数列になっている曲線（（x＝y）1:1）

つまり、xが0.25の場合はyも0.25になり、xが0.5ならyも0.5です。これは、元の値（x）に対して、結果（y）に変更がないことを意味します。デフォルトでは、これが特定の関数が適用される前、演算が「**静止**」している状態のルックアップテーブルです。そして、与えられたx値に対し、結果y（**強度**）を変更します。

LUTの基本を理解したところで、リニア変換に戻りましょう。画像のカラーデータに対応する明るさの値のリニア数列は、画像に算術演算を適用するうえで不可欠であり、したがって色の操作の基本となります。そこで、Nukeのワーキングスペースが32ビット浮動小数点であるという前の例に戻り、定義の2番目の部分を追加しましょう。ワーキングスペースは**リニアライト**であるため、その環境に入力されるすべての画像は、リニア変換されます。この処理によって元データ（入力：**読み込む**もの）を変更し、ソース値および結果の色の全体的な明るさ（出力：Nukeスクリプトに**ロードされる**もの）との関係を調整します。リニア変換の後は、画像のすべてのカラー値を2倍にすると、まるでF値を1段階上げたように、画像全体が2倍の明るさになります。カラーマネジメントの観点からは、各画像にエンコードされた**関数**が機能するように、リニア変換の処理を正しく実行する必要があります。

■ 色の操作

これまで、従来のディスプレイ（sRGB／Rec. 709）で表示可能な値である、0（「黒」）から1（「白」）の範囲の値に焦点を当ててきました。もちろん、画像自体には、技術的な制限や規格によって表示されない0未満（**負の値**）の情報や1を超える（**スーパーホワイト**）情報が含まれている可能性があります。そのため、LUTを表した前のグラフのように、私の例ではそれらの余分な値には注目しないことにしています。この目的は物事をわかりやすくすることだけであり、非表示となっているいずれかの端の特徴を視覚化する必要がある場合は例外です。もちろん、HDRテクノロジーの登場により、モニター、プロジェクター、テレビは従来のsRGB値の1を超える値を表示できるようになりました。HDRが今後も定着し、遅かれ早かれ以前の規格に取って代わることは明らかですが、現時点では、ディスプレイで表現できる輝度の範囲（現在は

ニット(nit)で測定)について(165ページで説明)、統一された単一の基準はありません。しかし、画像の操作の原理とこのセクションで示したデータは、ディスプレイにはまったく依存せず、数値と色の関係の数学的側面に重点を置いているため、今のところモニターについて心配する必要はありません。後ほどLUTのグラフを使用して、色の操作と**関数**の計算について分析および説明します。

カラーマネジメントのための色の操作で重要な点の1つは、曲線に適用する変換が、必ずどこでも(どの部門においても)同じポイント(黒レベルが調整済み：絶対的な黒が値0)から開始し、同じ数列(算術的に線形で、なるべく適切なホワイトバランスでリニアライト相関を使用)で、変換の順序も同じであることです(x×2+1とx+1×2は同じではないため)。全員が従うべき、標準的な共通ルールを採用することが基本となります。そうすれば、ワークフローのどの時点でも誰もが再現できるフレームワークで、操作を行うことができます。

しかし、画像に対して行う色の操作はほかにもあります。これらはほかの部門で再現可能である必要はなく、たとえばCGのカラー特性をフォトリアルに見えるようにするコンポジターや、完成した映画に絶対的なカラーグレーディングを施すカラリストなど、特定のアーティストにのみ依存します。すべての操作には、共通のルールと数学演算があり、私たち全員が知っておく必要があります。数学、デジタルカラー値、ピクセルは、これらすべての操作で不変です。したがって、これらの要素を知り、意味することを頭に入れておく必要があります。たとえばカラー値の乗算と、明るさの関係はどうなっているでしょうか。すべてのピクセルのカラー値を2倍にすると、F値を1段階上げたように、画像の明るさが増すのでしたね。色の操作は、モニターに表示する前に頭の中で視覚化できるようにすることが大切です。これにより、チェーンのあらゆるポイントで起きていることを把握しやすくなります。

実際にやってみましょう。**特性曲線**のように、この章ではこの**曲線**(または直線)に3つの主な領域を定義できることを確認しました(図2.19〜2.21)。

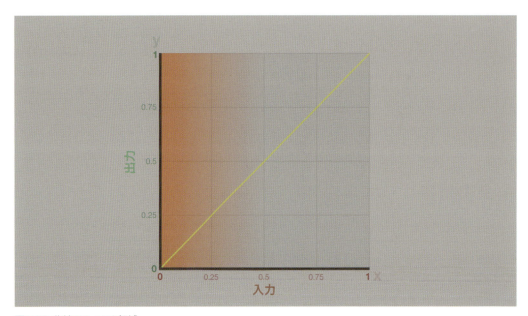

図2.19 曲線のシャドウ領域

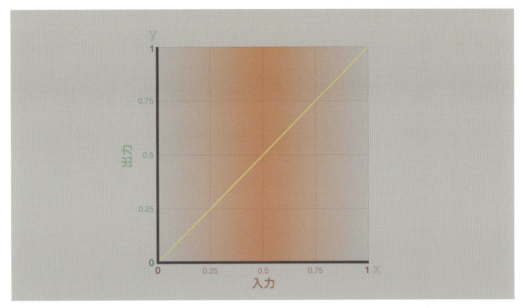

図2.20 曲線の中間調領域

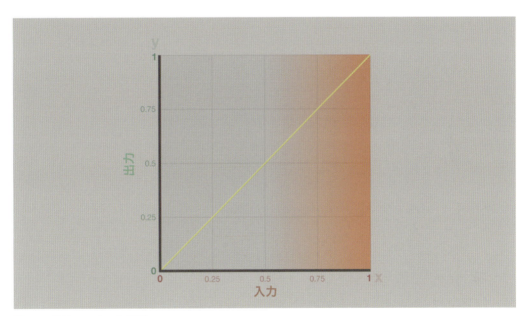

図2.21 曲線のハイライト領域

この3つの図では、左側にシャドウ（低い値）、中央付近に中間調、右側にハイライト（後で説明するように値1を超えるもの含む）があります。色の操作を**曲線**として視覚化することに慣れてください。

ディスプレイ参照のカラー演算

なぜ**リニアワークスペース**が重要なのでしょうか？ それは、デジタル画像が必ずしも**リニア**色空間でエンコードされているわけではないからです。通常、表示できる状態の画像には、**伝達関数**（本書で後ほど説明します）と呼ばれる色変換が埋め込まれており、表示先のデバイスに正しく表示できるようになっています（この演算は一般に**ガンマエンコーディング**と呼ばれます）。**ガンマエンコーディング**はノンリニアの演算で、処理を反転することで逆にすることができます。もちろん、これを行うにはエンコードされたガンマ曲線を知っておく必要があります。ただし、これは問題ではありません。市販されているすべてのデバイスは、この関数に準拠した特定の規格に適合しているからです。

テレビが「スマート」になるずっと前から、なぜガンマエンコーディングが必要になったかを説明しましょう。最初の理由は、**ブラウン管**（CRT）モニターやテレビとともに誕生しました（図2.22）。

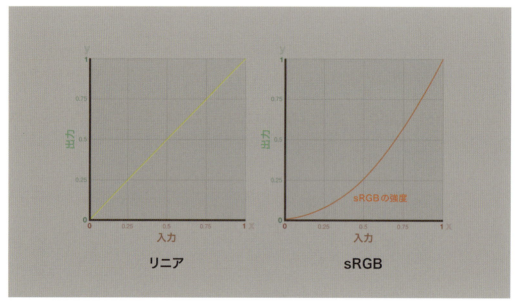

図2.22 リニアライト数列 vs sRGB ガンマエンコーディングの強度

CRTでは、その特性上、「暗くされた」画像が表示されます。そこで、CRTモニターに表示される画像の「明るさの不足」と色を補正するために、次の例（図2.23）のように、ガンマを全体的に2.2程度に補正してビデオ信号をエンコードすると、テレビやモニターにきれいに表示されるようにしました[11]。

- Aは、表示したい画像です（図2.23）。

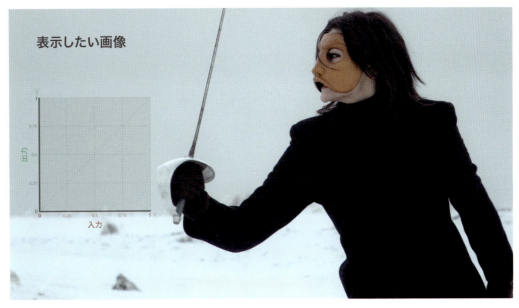

図2.23 画像A – 意図する画像

- Bは、ガンマ補正なしで、CRTモニターに表示される画像です（明らかに暗い）（図2.24）。

図2.24 画像B – ブラウン管（CRT）モニターに表示される未補正の画像

- 理論的に**C**は、CRTモニターに表示される前の、補正（**ガンマエンコーディング**）された画像データです（図2.25）。

図2.25 画像C – ガンマエンコーディングを施した画像データ

- そして**D**は、CRTに表示される補正（**ガンマ補正**）された画像で、最初は**本来の意図**通りのように見えます。明るさを意図した通りに表示するという「問題」に、ガンマで対処しています（図2.26）。

図2.26 画像D – 最終的な補正画像

しかし、液晶（LCD）テレビやモニターが普及し始めると、新たな「問題」が発生しました。LCDは、古いCRTテレビの画像を表示とは動作が異なり、CRTのように画像を「暗く」することもありませんが、放送用のテレビ信号やコンピュータのオペレーティングシステムのビデオ信号は、ディスプレイの種別を問わず、画像表示に同じパラメーターを使用したからです。そこでメーカーは、CRTのガンマ補正に近づけるよう、LCDモニターのハードウェア内に画像補正を組み込むことにしました。そうして、表示される画像を「暗く」するガンマ曲線を埋め込んだLCDが作成されたのです。存在しないデバイス上の「アーティファクト」を作るなど、奇妙なことだと思うかもしれません。しかしよく考えれば理にかなっています。既存のデバイスを交換せずに、多くの家庭に普及しているテクノロジーに合わせる必要があるため、新しいデバイスが同じ統一された方法で動作するように適応させる必要があるからです。もちろん、これは後にいくつかの頭痛の種をもたらすことになりますが、それについては後の「ディスプレイ参照のワークフロー」で説明します。しかし、この新しい色空間は容易に採用され、信号とディスプレイの両方が完全に調整されました。この背後にあったのは、HPとMicrosoftの協力による、**sRGB**色空間の作成と、1996年のIECによる標準化です。モニター、プリンター、およびWorld Wide Web内の画像の色を同期する**ガンマ補正**（ガンマ2.2関数）も含まれていました。これは、現在でもWebの標準色空間です。つまり、このカラープロファイルでもともとエンコードされていない画像や、sRGBでタグ付け[12]されていない画像は、sRGBガンマ転送関数（およびその他の色空間機能）を適用することで、自動的に解釈されます。

■ リニアvs対数

これまで、**sRGB**曲線と**リニア**曲線の違いを見てきましたが、フィルムスキャンを扱う場合、最もよく使われる色空間は**Cineon**でした。これについて、色深度の使用方法の違いについて説明していきます。まず、**Cineon**は**対数**の色空間です。

業界では、カメラフッテージ、さらにはフィルムスキャンにも、リニアの（16ビット半浮動小数点数）EXRファイルの使用が主流になってきていることは承知しています。それでも、VFXアーティストが対数伝達関数を理解することは、算術線形関数ではなく指数関数的な動作を持つコントロールを作成するなど、ほかの用途にも役に立つはずです。たとえば、霧などの大気現象における光の拡散と吸収に**光の逆二乗の法則**を適用し、フォールオフや減衰率を再現するノンリニアのガウスぼかしなど、フォトリアルな合成演算には重要です（図2.27）[13]。

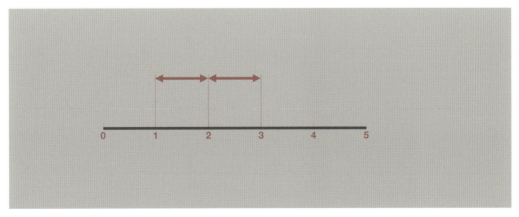

図2.27 値の一定の等差数列

次の図で、**対数**と**リニア**（それぞれ**log**と**lin**とも呼ばれる）の違いを見てみましょう（図2.28と2.29）。

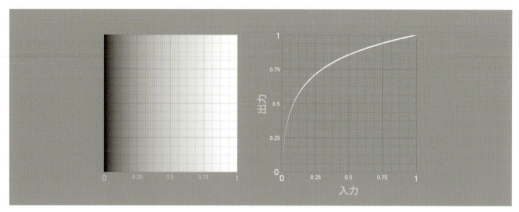

図2.28 log曲線

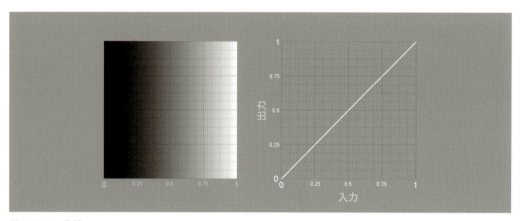

図2.29 Lin曲線

log曲線の逆関数は何でしょうか？　**指数**曲線です。これは、log曲線をlin曲線に変換するために適用する必要がある演算を表します。元のlog曲線と同じパラメーターを使用すると、入力値に対応する明るさの値が数学的に完全な**リニア**数列になります（**リニアライト**）。この処理は**log-to-lin**（または**Log2Lin**）と呼ばれ、その逆は**lin-to-log**（または**Lin2Log**）と呼ばれます（図2.30）。

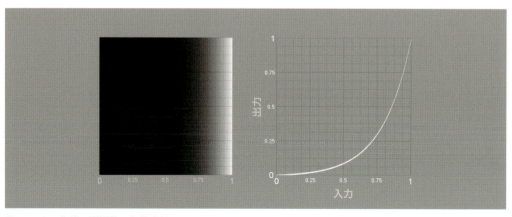

図2.30 log曲線の逆関数：指数曲線

リニア数列とは異なり、対数数列では、数値間の差はノンリニアです。たとえば、0、1、1.5849625007、2、2.32192809489……の場合、数列は$\log_2(x)$です。ここで、x（指数）は1から始まる整数の連続を表し、2は底です。

指数と対数演算にはどのような関係があるのでしょうか？[14]　式を示すと、$\log_2(x) = y$および$x = 2^y$非常に理解しやすいことがわかります。対数は、指数の逆関数です。

▶ 指数、ルート、対数

数学は科学の言語ですから、恐れる必要はありません。これらの演算がいかに簡単であるかをお見せします。指数、ルート（平方根、立方根など）、対数はすべて関連しています。それらの関係を理解することが、それらが何を、どのように行うかの概念をつかむカギとなります。

非常に簡単な例として、3×3＝9を図で表してみましょう。私たちはビジュアルアーティストなので、この演算を視覚的に見る方が楽に感じられるはずです。一度理解すれば、頭の中で視覚化できるので、図はもう必要ありません（図2.31）。

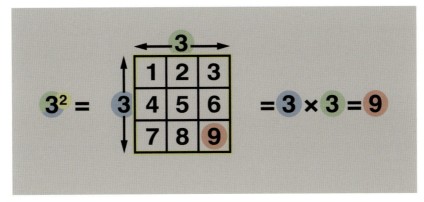

図2.31　$3^2 = 3 \times 3 = 9$

指数を使用する場合、$3^2 = 9$のように表されます。

これらの値のいずれかが欠落している場合、計算すべき未知数が存在することになるため、方程式を解く必要があります。欠落している情報に応じて、それをどう表記するかが変わってきます。

- $3^2 = x$　ここでは計算結果が欠落しているので、「3の2乗はいくつですか？」という指数の問題になります。したがって、$3^2 = 9$です。
- $x^2 = 9$　ここでは底が欠落しているので、「9の平方根はいくつですか？」というルートの問題になります。したがって、$\sqrt{9} = 3$です。
- $3^x = 9$　ここでは指数が欠落しているので、「3を底とする9の対数はいくつですか？」という対数の問題になります。したがって、$\log_3(9) = 2$です。

▶ log-to-lin および lin-to-log の計算

x軸とy軸の相関関係を追加して、ルックアップテーブル（LUT）を作成しましょう。

前のリニア数列を**log base 2 of x**（**2を底とするxの対数**）の数列に変換するには、出力配列（y）のすべての値を受け取り、xの値に応じて、対数に置き換えます。

- $x=1; y=\log_2(1)=0$
- $x=2; y=\log_2(2)=1$
- $x=3; y=\log_2(3)=1.58496250072$
- $x=4; y=\log_2(4)=2$
- $x=5; y=\log_2(5)=2.32192809489$

この対数の逆関数（$y=2^x$）を適用することで、上記のLUTの結果をもとに戻せます。これを元に$y=\log_2(x)$のxにyを代入することで、$y=\log_2(2^x)$、したがって$x=y$（リニア数列）のように簡略化できます。

- $x=1; y=\log_2(2^1)=1$
- $x=2; y=\log_2(2^2)=2$
- $x=3; y=\log_2(2^3)=3$
- $x=4; y=\log_2(2^4)=4$
- $x=5; y=\log_2(2^5)=5$

リニア方式と**対数**方式のデータ保存に関する主な違いは、曲線の特定の領域に格納される値の数に依存します。

対数は、色の強度の特定の領域における情報をより多く保持するのに適した方法です。ただし、唯一の問題は、対数フレームワーク内で算術的な色の演算（たとえば乗算）を実行することです。その演算は曲線のすべての領域に均等に作用せず、逆にハイライトとシャドウの間にアンバランスで極端な違いを引き起こします。しかしこれは、ソフトウェアで画像を均一な**リニアライト**ワークスペースへと解釈し（**リニア変換**処理を通じて）、ワークフローを整然と保つことで対応できます。これが、対数数列からリニア数列への変換が必要な理由です（リニア変換には指数補正を使用）。心配はいりません。ソフトウェアがこの処理を行ってくれます。ただし、コアとなる処理については理解しておいてください。

■ Cineon

1990年、Glenn Kennel（グレン・ケネル）が**Cineon**システムを開発しました。これは、スキャナーからフィルムレコーダーまで、フィルム画像をエンドツーエンドで扱える、最初のコンピュータベースのシステムです。デバイスがそれぞれ、**デジタルインターミディエイト**（**DI**）をサポートするように調整されています。フィルム現像の世界においては、いわゆる**インターミディエイト**は、物理的なネガのコピー（第1世代の場合は**ポジ**（**インターポジティブ**）で、第2世代の場合は**ネガ**（**インターネガティブ**））を指します。この露光済みのフィルムストリップを別の露光されていない空のネガの上に重ね、一緒に露光することで、後続のコピーを生成します。このアナログ処理（物理的および化学的）の目的は、たとえば**ディゾルブ**トランジションを作成することでした。2枚のネガをミックスし、フレームごとに光の密度を徐々に変えて露光させ（最初は一方の画像を強く、露光の度合いを徐々にもう一方に移していき、最後にはもう一方をより多く露光）、トランジションを含む新しいインターミディエイト（マスター）を作成します。そうです、フィルムスキャナーが誕生する前

は、ディゾルブはこのように作成されていました。どんな操作も手作業で、光を当てることによって行われていました（**現像時の感光**）。

VFXでよく使用されるファイル形式

▶ Cineon Logファイル（.cin）

ご存知だと思いますが、ビジュアルエフェクトのポストプロダクションでは通常、フレームシーケンスとも呼ばれる、1ファイルにつき1フレームを格納するファイル形式を使用して、フッテージやレンダリングを管理します。QuickTimeやAVIなどのビデオコンテナ（「ラッパー」とも呼ばれる）は、部門間でのやり取りや精巧なショットでは使われていませんが、納品やレビューといった特定の限られたケースに便利です。ここでは、フレームシーケンスに使用されるファイル形式のうち、Cineonファイルを最初に説明します。

コダックは、スキャン／印刷システム用に独自のファイル形式**Cineon**（.cin）を作成しました。Cineonは、1993年にカリフォルニア州ロサンゼルスに当時オープンしたばかりの施設、**シネサイト**で、初めてプロダクションに使用されました。この新しいテクノロジーを最初に採用したのは、ディズニーの古典アニメーション「**白雪姫**」です。全編を通じてデジタルファイルにスキャンされ、デジタルで復元およびリマスターされた最初の作品となりました。

Cineonファイル形式は、スキャンされたフィルム画像を表現することに特化した設計となっており、各ピクセルにエンコードされた色は**プリント濃度**に対応します。これはネガフィルムのデジタル複製であり、**ガンマ**、**色成分**、**クロストーク**（別のカラーチャンネル、物理的な世界で言えば層からの色が干渉することです。ネガフィルムでは、色の感光層が特定の範囲でほかの波長の一部を吸収すると発生しますが、これはネガフィルムの通常の特性です）において同じ反応を再現します。このように作成されたのは、一旦記録された元のネガの動作と同じ特性を維持し、その後コンピュータから再びネガフィルムにプリントするためです（図2.32）。

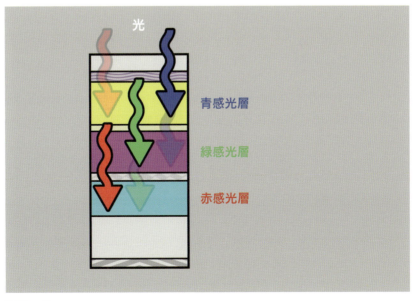

図2.32 クロストーク

Cineon Log

.cinファイルは通常、カラーチャンネルごとに10ビット（つまり2^{10}=1024の値）でエンコードされ、32ビットワードにパックされます。RGB（カラー）のみで、アルファ（透明度インジケータ：マット用）はないため、2ビットは使用されず、合計1,073,741,824個のカラー値になります。

しかし、私たちVFXアーティストにとって、Cineon色空間の最も重要な特性は、**ガンマと対数エンコーディング**です。

▶ 正規化におけるビット深度と明るさの数列の対応

もう1つ覚えておいてほしいのは、テレビやディスプレイは、色の範囲が限られており、ネガフィルムよりもはるかに少ないことです。慣例的に、Cineonファイルの10ビットスケール、つまり0から1023までの値のスケール（0は1つの値としてカウントされるため、合計1024の値）では、露光されたネガの95未満の値はすべて、ネガフィルムの**ベース込みかぶり濃度**[15]のように、純粋なフラットブラックとしてコンピュータディスプレイに読み取られます。一方、685を超える値は、クローム表面での太陽光の鏡面反射や明るい電球のように、絶対的なフラットホワイトになります。その範囲のすべての値が**クリップ**されますが、これは**log**画像をディスプレイに表示して、より自然な色が見えるようにするための慣例にすぎません。情報は依然として存在するので、画像の操作中に呼び出すことができます。これらは、前に説明した**スーパーホワイト**（値1を超える値）です（図2.33）。

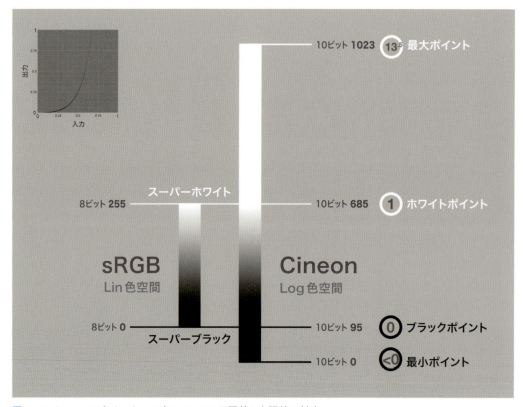

図2.33　Cineon10ビットスケール内のsRGBの下限値と上限値の対応

これを正規化された値の規則に変換すると、10ビットの最も暗い値95が正規化された値0となり、10ビットの最も明るく表示される値685が正規化された1となりますが、685と1023の間には、log数列により1をはるかに上回る正規化された値を返す値も存在します。正確には、コダックの公式見解によると、最も明るい値は13.53になるそうです（ただし、より効率的なICC[16]カラー変換を使用すると、スキャンされた露光済みネガフィルムは70を超える値に達する可能性もあります）。同様に、10ビットの値96を下回る値は負の値（正規化された0より低い値）を返すため、負の範囲に配置されて「見えない」黒にはまだ少し情報が残っていることになります。情報は多くありませんが、それでも存在し、必要なものです。

sRGBと**リニア**の比較で以前に使用したグラデーションの正方形を使用して、**Cineon**曲線を見てみましょう（図2.34）。この曲線をご覧ください。これは標準的なCineon伝達関数ですが、前述のlog曲線の説明で確認したものに似ています。

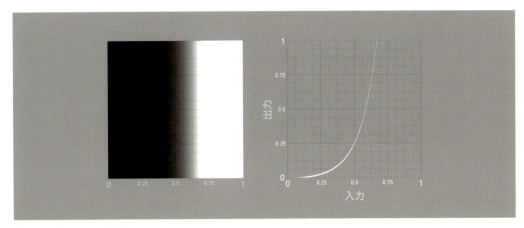

図2.34 Cineon log 曲線

生のグラデーション画像を見ると、それがいかに「ミルキー」で、コントラストが欠けているかがすぐにわかります。しかし、log曲線を使用してその値を再マッピングし、輝度の増分を整理し直すと、**Cineon**色空間は正しく表示されます。曲線はxの値0から始まるのではなく、その少し後ろから始まることに注意してください。これは、ブラックポイントが10ビットスケール（0〜1023）の値95に設定されているためです。同じことがホワイトポイントでも起こります。ホワイトポイントはx軸の終わりのはるか前にありますが、これは10ビットスケール（0〜1023）のホワイトポイント（つまり正規化された値1）が、値685にあるためです。しかし、8ビットsRGBモニターで表示できない値はどうなるのでしょうか？　そうですね、y軸での0から1までの値（ディスプレイで表示能な出力値）しか表示できず、それらのスーパーホワイト値は**Cineon**色空間での値1よりはるかに上にあるため、この正規化されたグラフではそれらを見ることはできませんが、グラフの「外側」にあるので安心してください。

画像を操作するときは、非破壊ワークフローで作業することが重要です。たとえば、**Nuke**32ビットリニアライトワークスペースや**DaVinci Resolve**独自のカラーサイエンスワークスペースなどです。実際にお見せしましょう。

これらの「隠された」値は、仮想の露光コントロールを使用して確認することができます（図2.35）。

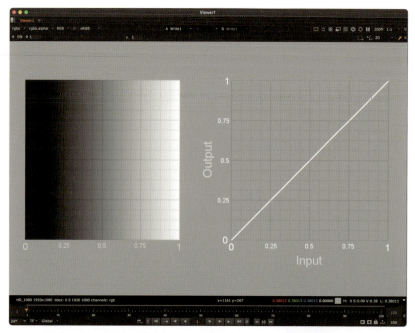

図2.35 すべてのRGBチャンネルにおける値0から1へのグラデーションの技術的画像とそのグラフ - 8ビットsRGBモニターが表現する値を表しています。

これは、元の値を0（黒）から1（白）までの範囲に収めた、静止状態のグラデーションの正方形です。このグラフで分析しているのは、グラデーションの値の数列、つまり明るさレベルの分布を示す曲線です。曲線は正規化され、下が0、上が1なので、この曲線は1を超える値も0を下回る値も示しません（図2.36と2.37）。

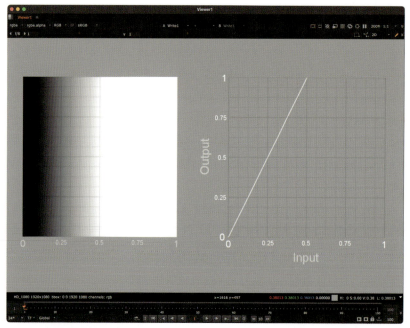

図2.36 1を超える値の技術的画像（グラデーションの後半が値1を超えています） – グラフはモニターの輝度範囲を示しています。

図2.37 1より大きい値を持つHDRI画像（炎のハイライト）

各ピクセルの値を2倍にすると（**乗算**演算）、0.5を越えていた元の明るさの値は1より上に再配置されます（0.5×2＝1であるため、0.5より大きい値はすべて表示可能な値を上回るからです）。ただし、非破壊ワークフローでは、表示されなくても情報は保持されるので安心してください。この演算により、画像の値が変更され、スーパーホワイト値が作成されました。図2.37に、写真の観点から概念を視覚化できるよう、自然なスーパーホワイト値を持つHDRI画像を追加しました（図2.38と2.39）。

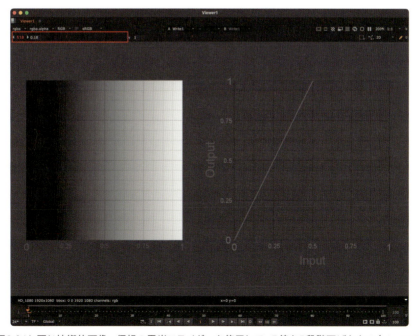

図2.38 図2.34と同じ技術的画像。仮想の露光スライダーを使用して、F値を5段階下げたもの（ベースのf/8からf/18）を視覚化し、モニター上でクリップされていたグラデーションのスーパーホワイト値を明らかにします。

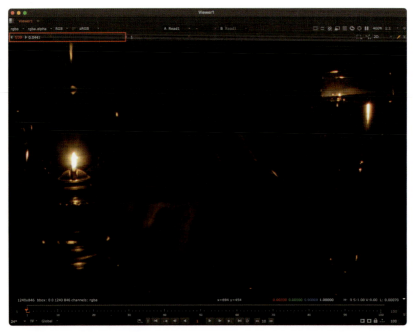

図2.39　図2.35と同じHDRI画像。仮想の露光スライダーを使用して、F値を9段階下げたもの（ベースのf/8からf/38）を視覚化し、炎のスーパーホワイト値を明らかにします。

図2.38では、スーパーホワイト値を視覚化するために、画像の仮想の露光をF値の数段階分下げました。グラデーションの値を実際に変えているのではなく、仮想的に露光を変えているため、右側の曲線は変化しません。グラデーションの外観には、これまでずっと存在していたスーパーホワイト値が示されています。グラデーションがまだ完全に残っているのがわかりますか？（暗い領域がさらに暗くなりましたが、露光を下げるとすべてが暗くなり、暗い部分のディテールが失われるので、これは正常なことです（図2.39）。ただし、曲線の値は前と同じなので信用できます）。自分の目だけでなく、数値を信じましょう。数学は私見ではありません。

表示できない値にフラグを付ける方法はほかにもあります。たとえば、**ゼブラ**を使用すると、正規化されたスケールを超える値（1を超えるか0未満（モニターで表示できる範囲外））をパターン（黒と白の斜めの縞模様で、ゼブラという名前の由来）で示すことができます（図2.40と2.41）。

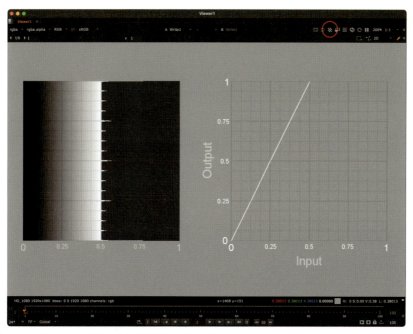

図2.40 ビューアーでアクティブにされたゼブラコントロール

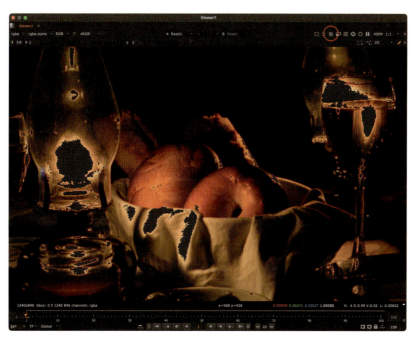

図2.41 ビューアーでアクティブにされたゼブラコントロールで、画像のもともと値1を超える明るさの領域を表示

▶ 非破壊カラーワークフローにおける可逆性

非破壊カラーワークフローでは、**乗算**演算などの算術演算の結果をいつでも反転できます。先ほど使用した、**2倍の乗算演算**を適用したグラデーションの例を見てみましょう（図2.42）。

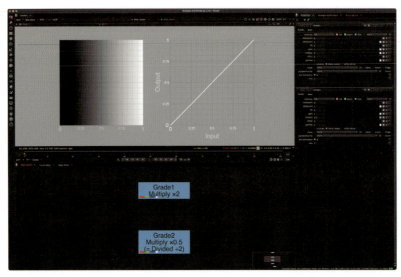

図2.42 非破壊ワークフローでは、モニターの範囲外の値を2倍にしてから、2で除算することで、元の結果に戻すことができます。

ここでは最大値は2に達しますが、最小値は0のままです（0に任意の値を掛けると必ず0になるため）。この演算の後、前の**2倍の乗算**演算を補正するために、値0.5で別の**乗算**演算を適用しました。ご覧のように、結果は元のデータとまったく同じで、データ損失はありません。

最近では、.cin ファイルの使用は非推奨になっていますが、その後継である.dpxは、そのすべての機能（およびそれ以上）を継承しています。

次に、VFXパイプラインでよく使用される別の重要なファイル形式を見てみましょう。それらの使用方法と使用場所（および使用すべきでない場所）に関するアドバイスも紹介します。

▶ DPX：Digital Picture Exchange ファイル形式（.dpx）

アカデミー科学技術賞®[17]を受賞した後、コダックは1997年に**Cineon**システムを廃止しました。しかし、.cinファイル形式はその後も長い間使用されていました。**米国映画テレビ技術者協会（SMPTE）**は、コダックがCineonの販売を終了する前に開発した後期の**Cineon**をベースに、デジタルインターミディエイトおよびビジュアルエフェクト用のファイル形式を標準化し、1994年には、**DPX**としても知られる**Digital Picture Exchange**ファイル形式を初めてリリースしました。Cineonと同様、フィルムスキャンを非圧縮ログ形式でエンコードできるだけでなく、柔軟なカラー情報、色空間、カラープレーン、およびプロダクション設備間で情報をやり取りするためのその他のメタデータも格納できます。リリース以来、フィルムスキャンに広く使用され、HDRなどの最新テクノロジーに合わせて改良されています。一般的には10ビットまたは12ビット深度で使用されますが、8ビットや16ビットで使用することも可能です。

▶ TIFF：Tagged Image File Format（.tif/.tiff）

これまでの形式はフィルムスキャンには最適ですが、CGレンダリングや、デジタルマットペインティングなどのほかCG向けに、汎用性の高い形式が必要でした。ただし、どんな形式でもよいわけではなく、情報を安全に保つため、圧縮のない形式でなくてはなりません（このテーマについては数ページ後を参照）。たとえば、必要に応じてロスレス圧縮、高い色深度（通常は8ビット、16ビット、または32ビット）、およびCGに不可欠な**アルファチャンネル**（通常は8ビット、16ビット、または32ビット）を提供する**TIF**（TIFFまたはTagged Image File Formatとも呼ばれる）ならレンダリングすることができます。通常エンコードされる色空間は、8ビットオプションの場合はsRGB、16ビットまたは32ビットの場合はリニアです。

▶ OpenEXR：Open Source Extended Dynamic Range Image ファイル形式（.exr）

これまでのファイル形式が提供するすべての機能に加えて、さらに多くの機能を提供するファイル形式があります。ビジュアルエフェクトにおけるファイルの王……すべてを支配するファイル形式です。ビジュアルエフェクト業界によって、ビジュアルエフェクト業界のために完全に設計されています。その形式とは、**OpenEXR**です。1999年にIndustrial Light & Magic社が**OpenEXR**を開発し、その後オープンソースのC++ライブラリとしてコードをリリースしました。今日では、ACES準拠画像のコンテナをはじめ（ACESに関する章を参照）、CGレンダリング、インターミディエイト、およびVFX業界のほかの多くの用途の標準となっています。

主な機能は以下の通りです。

- 32ビット浮動小数点（または16ビット半精度浮動小数点数）、あるいは半精度浮動小数点数でも、F値30段分をデータ損失なしで格納できます。たいていの8ビットファイルはF値7〜10段程度です。半精度浮動小数点バージョンですら、非常に優れた色解像度で、強い色変換後に目立つカラーバンディングが生じるのを防げるうえ、色操作に十分な余裕があります。
- 単一のファイルに、任意の数の**画像チャンネル**、つまりRGBとアルファ（RGBAとも呼ばれる）だけでなく、任意の種類の**AOV**レンダーパス（たとえば、深度（Z）、サーフェス法線（N）、モーションベクトル、ポイント位置（P）、IDパスなど）を格納できるうえ、**ディープイメージ**データも含めることができます。
- ピクセルは、スキャンライン、または長方形のサブ領域へのランダムアクセス用のタイルとして格納され、迅速なズームとパンを実現します。
- メタデータ：色のタイミング情報、処理追跡データ、カメラ位置、ビューの方向など。
- マルチビュー：立体プレートの左右のビュー、またはその他のビューを1つのファイルに格納できます。
- クロップ前の元画像も保存可能で、フォーマット（「キャンバス」）、つまり**境界ボックス**全体（bbox）を越える情報を保存できます。
- OpenEXRは、ACES準拠の画像を格納できる唯一のコンテナです。

もちろん、格納する情報が多いほどファイルサイズは大きくなりますが、フレームごとに1つのファイルだけで多くの情報を保存でき、すべてが自己完結型です。

EXRファイル形式は、VFXのほぼすべてに使用され、ACESカラー管理パイプライン（ACEScg）や、納品および交換に適したACES2065-1などのように、常にリニア色空間で使用されます。カメラスキャンの保存（16ビット半精度浮動小数点数に設定することをお勧めします）、CGレンダリング（ビューティーライトコンポーネントの場合は16ビット半精度浮動小数点数、精度がより重視される技術的なAOV（ポイント

位置やZ深度のパスなど）の場合は32ビットフル浮動小数点に設定することをお勧めします）、プリコンポジット、または成果物の生成に使用できます。VFXに関係のないタスク、たとえばメールで送られてきたショットの写真をクライアントに見せるといったタスクには、EXRは使用しません。不必要に複雑になってしまうので、そうした場合にはJPGを使用します。ただし、VFXの素晴らしさはディテールへのこだわりにあるので、8ビットsRGB JPG画像に圧縮して画像を送信すると、ディテールが台無しになることを忘れないでください。そのようなことは避けるべきですが、もしそうする場合は、そのショットに取り組んだアーティスト、費やした時間、その家族のことを考えましょう。画像を破壊する前に、圧縮というサンドペーパーをかける覚悟を決めてください。以上で、圧縮の概念と、この後紹介する2つのファイル形式、JPGとPNGについて理解しやすくなったと思います。

2019年、Academy Software Foundation（ASWF）[18]は、コンピュータイメージングの基盤テクノロジーの1つとしてOpenEXRプロジェクトを採用しました。

■ 画像圧縮：ロスレス vs ロッシー

画像圧縮とは、画像のデータを含むファイルサイズを、通常は見かけ上、つまり「目立つ」ほどの情報を失うことなく縮小する処理のことです（図2.43）。圧縮には主に、**ロスレス**と**ロッシー**の2種類があり、それぞれに望ましい圧縮を達成するためのさまざまな方法があります。

図2.43 ロスレス圧縮（左）vs ロッシーJPEG圧縮：高圧縮（右）

ロスレス圧縮方式では、ファイルを解凍した後、ファイルデータを元の形で復元して再構築できます。これは完全に可逆的な処理と言えます。たとえば、画像のファイルサイズを圧縮しても、その品質はまったく同じままで変更されないため、データを一切失うことなく、元の品質にファイルを解凍できます。この圧縮方法は、**可逆圧縮**とも呼ばれます。この方法では、ファイルサイズは縮小されますが、ロッシー圧縮を使用した場合に比べて縮小率は小さいうえ、圧縮と解凍の処理にコンピュータリソースと時間を要します。パソコンの日常的な使用で最も一般的なロスレス圧縮形式はZIPです。これは厳密には画像圧縮ファイル形式で

はありませんが、この処理はお馴染みだと思います。ファイルを.zipコンテナに入れて、より素早く転送できるようにします。転送したファイルは、「解凍」（unzip）して通常通りに使用することができます。これはロスレス圧縮であり、解凍後に得られるファイルは圧縮前と同じです。ただし、ファイルの圧縮処理には時間がかかり、同じファイルを解凍するのにさらに時間がかかることに注意してください。ロスレス圧縮はコンピュータリソースを使用するため、時間と計算能力が必要になります。

ロッシー圧縮では、ファイル内の特定のデータ（「不要」とみなされるもの）が削除されるため、解凍後、元のファイルは完全には元の形に復元されません。厳密に言うと、データは永久に破壊されるため、この方法は**非可逆圧縮**とも呼ばれます。このデータ損失は、多くの場合「目立ちません」。しかし、ファイルを圧縮するほど、劣化が進み、最終的にはデータの損失が目に見えるようになります。いずれにしても、カラーマネジメントの目的では、中間ファイル（部門内、部門間、または施設間で情報をやり取りすることを目的としたファイル）にロッシー圧縮は推奨しません。データを圧縮する必要がある場合は、可逆圧縮方式の使用をお勧めします。ロッシー圧縮方式は、色の精度が要求されず、エラーも問われない、非公式に要素を提示するような場合（サムネイルやコンタクトシートなど）に使用するとよいでしょう。ロッシー圧縮では、画像が劣化する代わりに、ファイルサイズの縮小率はロスレス圧縮よりもずっと大きいです。ロッシー圧縮の最も理解しやすい例は、JPEGです。JPEGは画像のファイルサイズを縮小するのに非常に効果的ですが、圧縮の「品質」設定をやりすぎると、画質が低下します。

各圧縮方式の最も代表的な方法を確認し、いくつかのキーワードでその背景を確認してみましょう。

ロッシー圧縮の方法：

- **変換符号化**：これは最も一般的な方法です。ロッシー圧縮とロスレス圧縮の両方を組み合わせたもので、まず、人間の知覚で自然には気付きにくい情報、つまり不要なデータを破棄します（「知覚できない」ディテールの削減）（ロッシーの部分）。次に、残りの重要な情報（「知覚できる」ディテールを含む）を完全に可逆的な方法で圧縮します（ロスレスの部分）。この圧縮には2つの種類があります。
  - **離散コサイン変換（DCT）**：JPEG圧縮で使用される、最も一般的なロッシー形式で、最も効率的な画像圧縮形式とされています（VFXにとっては非常に貴重なデータが失われるため、私たちのパイプラインではまったく推奨しません）。
  - **ウェーブレット変換**：こちらもよく使用されますが、開発時期がより早いDCTの方が従来より使用されています。
- **色の量子化**[19]：この方法は、画像内に存在するカラーサンプルをいくつかの「代表的」なカラーサンプルに減らすことによって機能します。圧縮された画像のヘッダーにあるカラーパレットで、その限られた色を指定します。各ピクセルは、この画像のカラーパレットの使用可能なサンプルリストで指定された色の1つを参照します[20]。この方法に**ディザリング**[21]を組み合わせると、ポスタリゼーション（バンディング）を回避できます。
  - **カラーパレット**：通常256色で、Graphics Interchange Format（GIF）やPNGファイル形式で使用されます。
  - **ブロックパレット**：通常、4×4ピクセルのブロックあたり2または4色です。
- **クロマサブサンプリング**：前の章で詳しく説明したように、色の変化よりも輝度の空間的変化をより正確に認識する人間の知覚を活用します。画像内の彩度情報の一部を平均化または削除することで、画像ファイルに保存されるデータ量を削減します。
- **フラクタル圧縮**

ロスレス圧縮の方法：

- 連長圧縮（ランレングス圧縮、RLE）：BMP、TGA、TIFFで利用可能です。
- エリア画像圧縮
- 予測符号化
- チェーンコード
- エントロピー符号化：データ要素を符号化された表現に置き換えます。**変換符号化**および**色の量子化**の圧縮形式と組み合わせると、データサイズを大幅に削減できます。最も一般的な2つのエントロピー符号化テクニックは、**算術符号化とハフマン符号化**です。
- 適応型辞書アルゴリズム：たとえば**LZW**で、GIFおよびTIFF形式で利用できます。
- Deflate（すべて大文字で**DEFLATE**と表記される場合もあり）：PNGおよびTIFF形式で利用可能です。

この時点で、「**ロスレス圧縮とロッシー圧縮のどちらがベストなのか？**」と疑問に思われるかもしれません。率直に言うと、答えは「**場合による**」です。**圧縮**と**非圧縮**のどちらを選ぶか、または**ロスレスとロッシー**圧縮のどちらを選ぶかという疑問に対して、「正しい」答えや「ベスト」な答えはありません。圧縮の目的と、圧縮の種類による影響を考慮して決める必要があるからです。だからこそ、私はこのテーマについて長々と説明し、役立つ知識を提供してきました。まず考えなくてはならないのは、「圧縮するかしないか」です。ファイルを圧縮しないと決めたら、おそらくドライブがデータでいっぱいになることでしょう。フレーム数、解像度、形式を正確に確認し、必要なストレージだけでなく、レンダリングやその他の要素も考慮しましょう。圧縮しなければ、圧縮や解凍の処理がないことになり、CPUの点では画像情報の書き込みと読み取りの処理が速くなります。一方、ストレージ（ドライブとシステム）の読み取りおよび書き込み（場合によっては同時）速度や、断片化された情報を取得するためのランダムアクセス性能に左右されることにもなります。わかりやすく言うと、圧縮せずにおくと、データの読み取り／書き込みの問題に対処する状況が変わるということです。どちらかが良いかと確信が持てない場合は、ストレステストを行うと良いでしょう。一方、圧縮ワークフローを選択する場合は、主に次の2点に注意する必要があります。1つは、ステップごとに画像の外観を劣化させる圧縮形式に依存したパイプラインは使用しないことです。ステップ数が非常に多いため、1つの処理後のファイルが一見問題なく見えても、パイプラインの終了時には大幅に劣化していることがあるからです。これに加えて、トラッキングやキーイングなどの特定の技術的な処理では、データ構造が可能な限り正確であることや、キャプチャされた画像の忠実度を最大限に維持することが要求されることに注意してください。人間の肉眼では知覚できない場合でも、キーヤーによるマットの抽出やトラッカーによる高精度のパターン認識といった重要な画像処理には耐えられません。パイプラインは、データ構造の整合性をエンドツーエンドで保つものである必要があります。しかし、パイプライン外ではいくつか例外があります。非可逆圧縮された画像は、図面や注釈付きの簡単なプレビューとしてクライアントに提示したり、チームに説明する際には使用できます。また、サムネイルとして使用したり、色や画像の精度を問わないチーム内で画像を配布する場合も便利ですが、色を正確に評価したい場合には適しません。もちろん、ロッシー圧縮でエクスポートした画像はパイプラインに戻ることを想定していないため、圧縮は一方向であり、パイプラインに戻されることはありません。あまり心配しないでほしいのですが、ミームやネコのかわいい写真は、高度に圧縮しても楽しさが損なわれることはありません。それ以外の場合は、データ構造の整合性を維持すること、つまりロスレスにするようにしてください。

画像の圧縮方式をよく理解できたところで、次はCGで使用されるほかの一般的なファイル形式を見ていきましょう。圧縮形式がこれらのファイル形式の大きな特徴となっています。

よく使用されるその他のファイル形式

▶ JPEG：Joint Photographic Experts Group（.jpg/.jpeg）

おそらく、最も人気のあるロッシー圧縮ファイル形式です。JPEG（JPGとも呼ばれる）は、1992年に標準を設定した**Joint Photographic Experts Group**の頭字語を取ったもので、それ以来、世界で最も人気のある画像圧縮形式となっています。圧縮レベルは調整可能で、画品とファイルサイズのバランスをとることができます。圧縮率は10:1に達し、ディテールの損失はほとんど感じられません。

多くのJPEGファイルには、International Color Consortium（ICC）カラープロファイル（通常は**sRGB**と**Adobe RGB**）が埋め込まれています。これらの色空間にはガンマエンコーディング（ノンリニア伝達関数）が施されているため、8ビットJPEGファイルのダイナミックレンジは最大約11ストップのダイナミックレンジを表すことができます。Webページでは、JPEG画像にカラープロファイル情報が指定されていない場合（**タグなし**）、sRGBが表示用の色空間とみなされます。

▶ PNG：Portable Network Graphics（.png）

PNGは、ロスレスデータ圧縮をサポートする画像ファイル形式です。透明度を示すアルファチャンネルの使用を含むなど、人気のGIFを改良しつつも、特許を取得していない後継として開発されました。8ビットを使用して、インデックス付きの限定的なカラーパレット（最大256サンプル）を使用できますが、正直なところ私たちにはあまり役に立ちません。しかし、ビットの使用を最適化するのに役立つほかの機能があります。たとえば、ニーズに応じて1つのチャンネルに1、2、4、8、または16ビットを使用して、そのチャンネルを登録できます。**トゥルーカラー**[22]画像の場合、アルファの有無に関係なく、8ビットおよび16ビットオプションを使用できます。PNGは、エンコードに**Deflate**ロスレスデータ圧縮形式を使用します。

これまでフレームシーケンス（ファイルごとに1つのフレームを意味し、「ビデオ」シーケンスとして解釈される）について説明してきましたが、ビデオクリップファイルの使用についてはまだ論じていません。画像圧縮に慣れてきたので、次は動画圧縮とパイプラインでのビデオ「コンテナ」の使用について紹介したいと思います。

動画圧縮：フレーム間符号化

フレームシーケンスの代わりにビデオコンテナを使用することは、VFXパイプラインでのやり取りにおいては一般的ではありません。ビデオコンテナは通常、ディスプレイ参照（ディスプレイリファード）のビデオストリームにて、最終的な配信に使用されます。ビデオコンテナがフレームシーケンスよりも好まれない理由はいくつかありますが、その理由を理解するには、動画圧縮の重要な機能である**フレーム間符号化**の基本について理解する必要があります。フレーム間符号化は、動画用に特別に設計された圧縮方法です。

フレーム間符号化は、**フレーム間圧縮**とも呼ばれ、個々のフレーム間で生じることを考慮した動画圧縮方法です。多くの場合、フレームグループ間では、あるフレームから次のフレームへの変更がほとんどないという事実を利用することで、保持するデータを少なくし、ビデオファイル全体のサイズを縮小します。つまり、一定の間隔でフレーム全体が完全に保存され、それを参照として使用して、アニメーション間隔内のほかのフレームとの違いをラベル付けします。この参照フレームは**キーフレーム**と呼ばれます。キーフレーム間の

フレームは、**インターフレーム**です。ビデオが再生されると、フレーム間圧縮アルゴリズムは、特定のブロックの動きを追跡する**動きベクトル**を使用して、キーフレームとは異なっている変更のみを記録しますキーフレームの画像の「動く」ブロック（または画像の動かない部分）を関連付けるこれらの動きベクトルは、保存される実際のフレーム間情報であり、フレーム全体のすべての情報をフレームごとに保存するよりも軽量です。後でビデオを解凍する際に追加する必要があるのは、比較するキーフレームからの、ビデオに生じた変更のみです。新しいシーンの開始など、フレーム間にビデオの大幅な変更があった場合は、新しいキーフレームが生成され、後続のフレームブロックの参照ポイントとして機能します。キーフレームの数が多いほどシームレスな再生になりますが、結果として得られるビデオファイルのサイズは当然大きくなります。

フレーム間圧縮を利用する画像圧縮方式では、通常、さまざまな種類のフレームが使用されます。これらは、I、P、Bフレームと呼ばれます。

- **I フレーム**は**イントラコード化フレーム**を意味します。これらは完全にそのまま保存され、ビデオ内のほかのフレームの参照ポイントとして使用されるフレームで、キーフレームとも呼ばれます。これは、キーフレームが動画内でまったく変更されない唯一のフレームであるからです。I フレームに使用できる圧縮方法は、静止画像に対して機能する方法です（前のセクションで説明した方法など）。
- **P フレーム**は**予測フレーム**を意味します。フレーム間予測では、フレームを一連のブロックに分割します。その後、エンコーダーは、前にエンコードされたフレーム内のブロックに対応するブロック（フォワードエンコーディング）、またはそれと同等のブロックを検索します。このブロックはI フレーム（キーフレーム）になります。一致するブロックがある場合、エンコード中のブロックは、ブロックが一致する参照ブロックを指します。その後はその参照フレームを使用して、一致するブロックをフレームに戻すことができます。ブロックが完全に一致しない場合は、エンコーダーが2つの間の違いを計算し、その情報を後でデコードする際に使用できるように保持します。計算とブロックのマッチングを実行するには、P フレームにI フレームというの形の参照ポイントが必要となります。
- **B フレーム**は**双方向予測フレーム**を意味します。予測が、前のフレームまたは次のフレーム、またはその両方から生成されることから、この名前が付けられました。B フレームによって実行される機能は、P フレームによる機能に類似していますが、P フレームはいずれかの方向からの情報に依存して構築される予測フレームです。B フレームは、P フレームおよびI フレームに含まれる情報から予測されます（図2.44）。

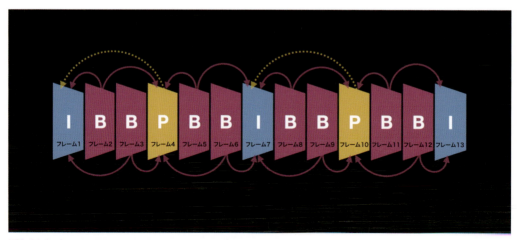

図2.44 I フレーム、P フレーム、B フレームシーケンス

動画圧縮：フレーム間符号化　　73

これらの種類のフレームを使用してビデオをエンコードするためのモデル、シーケンスタイプ、アルゴリズムにはさまざまなものがあり、さらに最新の開発では、新しいコーデック用[23]にほかの機能的な種類のフレームも導入されています。しかし、ここで一番理解してほしいのは、ビデオコンテナはフレームのグループを参照し、動きや、ほかのフレームの情報を使用して1つのフレームのデータを解決するというその他側面に基づいて、補間を適用し、そしてフレームのシーケンス全体をエンコードするという事実です。

さて、ビデオコンテナに含まれる1つのランダムフレームにアクセスする前に、ソフトウェアが実行する必要がある計算の量を想像してみてください。ビデオのファイルサイズを縮小することは有用かもしれませんが、まず忘れないでほしいのは、PフレームやBフレームなどのフレームの予測は、Iフレームの品質と、キーフレーム間の間隔の長さに関連した動きの精度に大きく影響されるということです。非常に多くの要因がシーケンスの品質低下を招きます。JPEGの場合、ディテールの減少は人間の目にはさほど顕著ではないかもしれませんが、それでもデータの品質は低下します。もちろん、すべてのフレームがIフレーム（すべてのフレームにキーフレーム）であるビデオコンテナを作成し、それらのIフレームをロスレス圧縮することも可能ですが、そうする正当な理由がない限り（ある場合もあります）、それらのフレームをファイルごとにフレーム単位で保存することをお勧めします。一方で、圧縮が非常に軽い、納品時のマスターとしても適した高品質のビデオコンテナ（たとえば、Apple ProRes4444）という妥協案が見つかる場合もあります。

ビデオコンテナについて最後に触れておきたいのは、**ビットレート**です。これは、特定の時間内に転送されるビデオデータの上限量を指します。これは特にオンラインビデオストリームに関連していますが、デジタルビデオカメラでも、ビデオ録画の最大データフローを指定するために使用されます。通常、ビットレートはコンテンツのファイルサイズと品質を左右します。測定単位はビット/秒、つまりbps（ビットであってバイトではない）で、これは1秒あたりのビット数を意味します。kbps（キロビット、つまり1秒あたり1000ビット）や、より一般的なMbps（メガビット、つまり1秒あたり1,000,000ビット）で指定することもできます。ほとんどのコーデックでは、利用可能なデータ量に応じて品質が調整される**固定**ビットレートと、必要なディテールの量に合わせてデータ量が調整される**可変**ビットレートのどちらを使用するかを決めることができます。ディテールレベルは、コンテンツを表現するために細かいブロックを必要とする画像の高周波数と関連します。可変ビットレートの場合でも、ビデオカメラなど、その場でデータをエンコードするデバイスに応じて、エンコード可能なデータの上限が決まっていることもあります。

▶ VFX ポストプロダクションに重要なコーデック

先ほど述べたように、ビデオコンテナの使用は、VFXショットの制作そのものでは一般的ではありませんが、編集部門などの他部門とのやり取りでは、これらのラッパーの使用が欠かせません。これらのラッパーは、オーディオ付きのビデオという形で、編集用の参照カットとして役立ちますし、編集部門側も、最終版が完成するまでの間、VFX部門から提供された仮バージョンのショットを編集などのタスクに使用したいと望むからです。ビデオラッパーはまた、キャラクターアニメーションをエクスポートし、台詞を含めてレビューしたい場合にもよく使用されます。特定のメディア、ショーリール、その他のプロモーションクリップの最終納品バージョンなど、クライアントが、オーディオとビデオが適切にリンクしていることが求められるものをオンザフライでレビューする必要がある場合があります。このように、プロジェクトのポストプロダクションセクションではビデオコンテナが有効に活用されており、私たちはそのセクションの一員として、使用されている一般的なコーデックに関して十分な知識を有していなければなりません。

74 第2章：デジタルカラー操作の要素

まず、**コーデック**と**ラッパー**を混同しないようにしてください。ラッパーは、情報が割り当てられるビデオコンテナで、コーデックは、コンテナ内でビデオ情報が割り当てられ（エンコードされ）、ソフトウェアまたはハードウェアによって解釈（デコード）される方法です。特定のラッパーでのみ使用できるコーデックがある場合があります。たとえば、Apple ProResコーデックはQuickTimeでのみ使用できます。また、Windows Media Video（.wmv）が3つの異なるコーデックに対応しているように、独自の専用コーデックを持つラッパーもあります。反対に、複数のラッパーに対応しているコーデックもあります。たとえばAvid DNxHDは、QuickTime（.mov）またはMaterial Exchange Format（.mxf）でラップできます。さらには、異なるファイル拡張子を持つファイル形式もあります。たとえば、MP4（MPEG-4 Part 14）は、.mp4、.m4a、.m4p、.m4b、.m4r、.m4vという拡張子で使用され、それぞれに独自の特徴を持ちますが、ファイル形式は同じです（よく考えてみると、同様なことが別のファイル形式でも見られます。たとえば、TIFFでは.tiffまたは.tifを使用できますが、これらはどちらも同じ形式で、拡張子が異なります）。つまり、簡単に言うと、ラッパーからすべての情報がわかるわけではないということです。明確であることと具体的であることは、私たちの仕事の不可欠な部分であるため、適切な言語で話し、できるだけ詳しく説明することをお勧めします。

ビデオファイルについては、以下のように、少なくとも**コーデック**と**コンテナ**（できれば**拡張子**も）を指定するようにしてください。

- ProRes422、QuickTime（.mov）
  また、圧縮レベルを持つコーデックの場合は、次のように**品質**のレベルを示します。
- H.264、品質：高、QuickTime（.mov）
  ビデオファイルの主な仕様を説明するにはこれで十分ですが、前述したように、利用可能なビデオ形式の詳細について自らドキュメント化し、データをより細かくコントロールするのに必要な情報をすべて指定することが望ましいです（情報は力です。そんな力を持ったアーティストになってください！）。前述のH.264の例をより正確に説明すると、次のようになります。
- H.264、コーデックプロファイル：**High 4:2:0 8ビット**、品質：**最高**、YCbCrマトリックス：**Rec. 709**、QuickTime（.mov）でラップ
  これで、ファイル形式の技術的な仕様をほぼすべて正確に示すことができました。しかし、まだ十分とは言えません。ビデオ形式以外にも、解像度、ビット深度、色空間、サウンド、そして非常に重要な（決して推測してはいけない）1秒あたりのフレーム数（fps）などを指定する必要があります。最終的に、次のようになります。
- H.264、コーデックプロファイル：**High 4:2:0 8ビット**、品質：**最高**、YCbCrマトリックス：**Rec. 709**、QuickTime（.mov）でラップ、@24fps、解像：**4K UHD（3840×2160）**、ビット深度：**8ビット**、色空間：**Rec. 709**、MOS[24]

仕様がかなり詳細に説明しました。ファイル名は、クリップに含まれる主な仕様を説明するものでなければなりませんが、命名規則についてはここでは触れず、別の本に譲ることにします。念頭に置いてほしいのは、プロジェクトはそれぞれ異なっているということです。特定のプロジェクトで対処すべきバリエーションについてはすべて把握していないといけませんし、代替案やほかに可能性のあるバリエーションはないというケースもあるでしょう。たとえば、すべて球面レンズで撮影されたプロジェクトの場合、球面かアナモフィックかを重要な情報として示す必要はありません。球面であり、予想されるピクセルアスペクト比は正方形の1:1であるとみなして問題ありません。ただし、プロジェクトでピクセルアスペクト比の異なるアナモルフィッククレンズも併用する場合は、「球面 1:1」や「アナモルフィック 2:1」のように、ピクセルアスペクトを指定する必要があります。その他の仕様としては、私たちにはあまり関係ないかもしれませんが、**キーフレーム**の

間隔（Iフレーム）や、特定の**ビットレート**に対する制限（リモートレビューなど、オンラインでビデオをライブストリーミングする必要がある場合に役立ちます。一般に**ftrack® Review**などのオンラインレビューツールは、どんな仕様でもストリーミングに適するように、プラットフォーム上で直接エンコードを実行します）などを示してもよいでしょう。

次は、ビデオコンテナの最も重要なファイル形式について、的を絞って見ていきたいと思います。具体的には、Apple QuickTime（それ自体が多くのバリエーションとバージョンを持つコンテナ（実質的にはマルチメディアフレームワーク）であり、汎用性が高く、広く採用されている）と、Material Exchange Format（MXF とも呼ばれる）を詳しく確認した後、最も一般的に使用されるいくつかのコーデックについて説明します。

▶ QuickTime（.mov）

QuickTimeは、Apple Inc.が開発し、1991年に初めてリリースされた拡張可能なマルチメディアフレームワークです。さまざまな形式のデジタルビデオ、画像、サウンド、パノラマ画像、インタラクティブなコンテンツを扱うことができますが、ここではビデオ機能にのみ焦点を当てたいと思います。当初はApple独自のコーデックのみを使用していましたが、現在はサードパーティのコーデックをサポートしています。非常に重要なコーデックについては、この後で紹介します。QuickTime形式は編集のしやすさを考慮して設計されたため、MPEG-4コンテナフォーマットのベースとして選択されました。**QuickTime**ファイル形式が指定するのは、1つ以上のトラックを含むマルチメディアコンテナファイルで、各トラックにはオーディオ、ビデオ、エフェクト、テキスト（字幕など）といった特定の種類のデータが格納されています。一般的な拡張子は**.mov** ですが、まれに**.qt**も使用されます。VFX業界でよく使用されるコーデックを見てみましょう。

よく使用されるコーデック

● Animation

Appleが開発した**QuickTime Animation**形式は、**QuickTime RLE**とも呼ばれ、高価なハードウェアなしでリアルタイムでビデオクリップを再生できるように開発されたビデオ圧縮形式およびコーデックです。通常、RLE圧縮を使用してQuickTimeコンテナにラップされます。データはロスレス圧縮またはロッシー圧縮のいずれかでエンコードでき、アルファチャンネルと複数のビット深度をサポートする数少ないビデオコーデックの1つです。ただし、現在ではあまり使用されていません。

一般に使用ピクセル形式：

○ RGB 8ビット

○ RGBA 8ビット

● Apple ProRes

Appleの主力コーデックである**ProRes**は、Appleがポストプロダクション用に開発したロッシービデオ圧縮形式で、最大8Kのビデオ解像度をサポートします。Appleは、その優れた品質からProResを「**視覚的にロスレス**」[25]と表現しています（実際は**ロッシー**）。ProResは、2007年に**Apple Intermediate Codec**（現在は廃止）の後継としてリリースされました。**ProRes**コーデックファミリーは、DCTベースの圧縮アルゴリズムを使用します。**ProRes**は、プロ仕様の最終納品形式として人気があります。

利用可能なコーデックプロファイル：

○ **ProRes 4444 XQ 12ビット**

このプロファイルは、ProResファミリーの4:4:4:4[26]動画向けの最高品質オプションです。デジタルカメラセンサーによって生成されるHDRビデオに必要なすべての情報を維持するために、非常に高いデータレートが採用されています。この形式は、通常の**ProRes 4444**[27]と同様に、画像チャンネルごとに最大12ビット、アルファチャンネルに最大16ビットをサポートします。

○ **ProRes 4444 12ビット**

4:4:4:4ビデオソース用の非常に高品質なプロファイルです。フル解像度、マスタリング品質の4:4:4:4 RGBAチャンネルで、視覚的に元のソースとほとんど区別がつきません。デコードおよび再エンコードを繰り返しても、ほとんど劣化しません。RGBチャンネルが12ビットのビット深度でエンコードされても、アルファチャンネルは16ビットでエンコードされるため、モーショングラフィックスで多用途に使用できます（フレームシーケンスが一般的なVFXとは対照的に、ビデオクリップで使用されることが一般的）。圧縮されていない4:4:4:4のオリジナルと比較すると、このコーデックは驚くほどデータレートが低く、画質を良好に知覚できます[28]。

○ **ProRes 422 XQ 10ビット**

ProRes 422の高データレート版です。**ProRes 4444**と同程度の高い画像品質を保ちますが、4:2:2の画像ソース向けです。**ProRes 422 HQ**はビデオポストプロダクション業界で広く使用されており、シングルリンクのHD-SDI信号で伝送できる最高品質のプロ仕様のHDビデオを効果的に維持します。このコーデックは、10ビットのフルワイドの4:2:2ビデオソースをデコードおよび再エンコードでき、デコードと再エンコードを繰り返しても視覚的にロスレスに維持します[29]。

○ **ProRes 422 10ビット**

ProRes 422は高品質の圧縮コーデックで、**ProRes 422 HQ**の利点をほぼすべて備えていますが、データレートProRes 422 HQの66%のため、リアルタイムのオフライン編集に適しています[30]。

○ **ProRes 422 LT 10ビット**

422 LTは、ProRes 422より圧縮率の高いコーデックです。データレートはProRes 422の約70%で、ファイルサイズは約30%小さくなっています。このコーデックは、ストレージ容量およびデータレートが限られている環境に最適です。VFXにおいては、主に編集目的で使用されます[31]。

○ **ProRes 422プロキシ10ビット**

プロキシオプションは、**ProRes 422 LT**よりもさらに圧縮率の高いコーデックです。プロダクションデータベースでのショットのプレビューなど、低データレートであってもフル解像度のビデオが求められるオフライン処理での使用を目的としています。

● **Avid DNxHD**

Avid DNxHD（Digital Nonlinear Extensible HD）は、ストレージと帯域幅のニーズが低い、複数世代の編集用にAvid Technology社が作成した非可逆HDビデオポストプロダクションコーデックです。編集用の**中間形式**と**プレゼンテーション**形式の両方として使用できるように設計されたビデオコーデックです。DNxHDデータは通常、MXFコンテナにラップされます（これについては後で説明します）が、このケースのようにQuickTimeコンテナに保存することもできます。DNxHDはJPEGとよく似ており、すべてのフレームが独立し、**可変長符号化**された**DCT**係数で構成されています。このコーデックはアルファチャンネルデータをサポートしています。

利用可能なコーデックプロファイル：

○ DNxHD 4:4:4 10ビット440Mbit[32]
○ DNxHD 4:2:2 10ビット220Mbit
○ DNxHD 4:2:2 8ビット220Mbit

- ○ DNxHD 4:2:2 8ビット145Mbit
- ○ DNxHD 4:2:2 8ビット36Mbit

- ● Avid DNxHR

  Avid DNxHR（Digital Nonlinear Extensible High Resolution）は、ストレージと帯域幅のニーズが低い、複数世代の編集用に設計された非可逆UHDTVポストプロダクションコーデックです。このコーデックは、2K、4K、8K解像度など、FullHD（1080p）よりも高い解像度用に作成されました。HD解像度は、以前と同じようにDNxHDで処理されます。

  利用可能なコーデックプロファイル：
  - ○ DNxHR 444 – 最高品質。12ビット 4:4:4（シネマ品質配信）
  - ○ DNxHR HQX – 高品質。12ビット 4:2:2（UHD／4K放送品質配信）
  - ○ DNxHR HQ – 高品質。8ビット 4:2:2
  - ○ DNxHR SQ – 標準品質。8ビット 4:2:2（配信形式に適している）
  - ○ DNxHR LB – 低帯域幅。8ビット 4:2:2（オフライン品質）

- ● H.264

  H.264は、MPEG-4 Advanced Video Codec（AVC）またはMPEG-4 Part 10とも呼ばれる、ビデオコンテンツのエンコード、圧縮、配信に最もよく使用されるコーデックです。H.264／AVCプロジェクトの目標は、以前の標準よりも大幅に低いビットレート（以前のMPEG-2、H.263、MPEG-4 Part 2の半分以下のビットレート）で、優れたビデオ品質を提供でき、実装が容易な規格を開発することでした。また、高（および低）解像度ビデオ、放送、DVD、遠隔通信など、さまざまなネットワークやシステムの多様な用途にこの規格を使用できるよう、十分な柔軟性を確保することも目指していました。H.264規格は、多数のプロファイルで構成された「規格ファミリー」と考えることができ、中でも圧倒的に人気があるのはハイプロファイルです。特定のデコーダーは、そうした利用可能なプロファイルのうち少なくとも1つに対応していますが、すべてに対応しているわけではありません。この規格は、エンコードされたデータの形式とデコード方法を指定しますが、ビデオをエンコードする手法は指定しません。これはエンコーダー設計者自身の選択に任されており、さまざまなエンコードスキームが考案されています。　H.264はロッシー圧縮に最もよく使用されますが、ロッシー符号化された画像内に完全にロスレス符号化されたセクションを構築したり、エンコード全体がロスレスである特殊なケースに対応することも可能です。

  よく使用されるコーデックプロファイル：
  - ○ Main

    デジタルSDTV[33]（DVB[34]規格で定義されているMPEG-4形式でのストリーミング）に使用されます。2004年にHDTV[35]放送用にHighプロファイル（以下を参照）が開発されたため、その用途には使用されません。

  - ○ High

    ディスクストレージや放送、特に高精細テレビ（Blu-ray、DVB HDTV放送サービス）で最もよく使用されるプロファイルです。

  品質設定：
  - ○ ロスレス
  - ○ ロッシー。調整可能なレート係数（RF）でファイルサイズと品質のバランスをとることができます。

- ● H.265

  H.265は、High Efficiency Video Coding（HEVC）またはMPEG-H Part 2とも呼ばれ、人気の高いAdvanced Video CodingであるH264に置き換わるものとして、MPEG-Hプロジェクトの一環として開発されました。H.264と比較すると、H265は同じレベルのビデオ品質を維持しながら、

データ圧縮率では最大50%アップを実現します。最大8192×4320ピクセルの解像度（8K UHD[36]を含む）をサポートします。H.265のMain 10プロファイルの高い忠実度は、ほぼすべてのサポートするハードウェアに組み込まれています。

よく使用されるコーデックプロファイル：

- Main
  8ビット色深度と4:2:0のクロマサンプリング（コンシューマデバイスで使用される最も一般的なタイプのビデオ）が可能です。

- Main 10
  Mainが8ビットのみであるのに対し、10ビットの色深度のビデオをサポートできるため、ビデオ品質が向上します。

品質設定：

- ロスレス
- ロッシー。調整可能なRFでファイルサイズと品質のバランスをとることができます。

● Motion JPEG（MJPEG）- フォーマットA（MJPEG-A）およびMJPEG-B

MJPEGは、従来のJPEGのテクノロジーを使用して連続するフレームをエンコードするビデオコーデックの一種です。フレーム間圧縮は行われないため、エンコードされたデータの圧縮率は、フレーム間圧縮を用いたコーデックほど高くありません。しかし、多くの場合、解凍はより高速で、ほかのフレームに依存しないため、どのフレームにも個別にアクセスできます。オープンのJPEG標準を使用する場合、法的制約は少なくなります。MJPEGという用語は、単一のフォーマットを指してはないことに注意してください。MJPEGとして分類できるフォーマットが多数作成されていますが、それぞれ微妙に異なっています。MJPEGには2つのバリエーションがあります。マーカーの使用の有無で、2つのフォーマットを区別できます。マーカーは、MJPEGフォーマットAではサポートされていますが、MJPEG-Bではサポートされていません。各MJPEG-Aは標準のJPEGの仕様に完全に準拠しており、その結果、マーカーの適用が可能です。

一般なピクセル形式：

- Y'C$_b$C$_r$ 4:2:0 8ビット
- Y'C$_b$C$_r$ 4:2:2 8ビット
- Y'C$_b$C$_r$ 4:4:4 8ビット

品質設定：

- ロスレス
- ロッシー。調整可能なRFでファイルサイズと品質のバランスをとることができます。

● MPEG-4

MPEG-4は、デジタルオーディオおよびビデオデータ圧縮、マルチメディアシステム、およびファイルストレージフォーマットの国際規格のセットです。オーディオおよびビデオコーディング規格と関連するテクノロジーのコレクションとして、1998年後半に初めて発表されました。MPEG-4は、インターネットビデオ、遠隔通信、テレビ放送向けのオーディオおよび映像データ圧縮に使用されます。

最もよく使用されるピクセル形式：

- Y'C$_b$C$_r$ 4:2:0 8ビット

品質設定：

- ロッシー。調整可能なRFでファイルリイズと品質のバランスをとることができます。

- Photo – JPEG

  Photo JPEGコーデックは、Joint Photographic Experts Groupの画像圧縮技術を使用します。ほとんどの場合、静止画の保存に使用されますが、このケースでは高品質のビデオデータを編集して保存するために使用されます。QuickTimeには、Photo JPEG、MJPEG-A、MJPEG-Bという3つのJPEGベースのコーデックが組み込まれています。**MJPEG**コーデックにはさまざまなキャプチャカードをサポートするトランスレーターが含まれている点を除き、MJPEGは**Photo-JPEG**と同じです。

  ピクセル形式：
  ○ Y'C$_b$C$_r$ 4:2:0 8ビット
  ○ Y'C$_b$C$_r$ 4:2:2 8ビット
  ○ Y'C$_b$C$_r$ 4:4:4 8ビット

  品質設定：
  ○ ロスレス
  ○ ロッシー。調整可能なRFでファイルサイズと品質のバランスをとることができます。

- PNG

  この説明は簡単です。ビデオクリップにラップされる、一連のPNGエンコードされたフレームです。

  ピクセル形式：
  ○ RGB 8ビット
  ○ RGBA 8ビット
  ○ RGB 16ビット
  ○ RGBA 16ビット

  品質設定：
  ○ ロスレス

- 圧縮なし

  この言葉の通りです。各フレームのすべてのデータは圧縮されず、QuickTimeコンテナにラップされます。確かに、データを圧縮してから解凍する必要はありませんが、すべての非圧縮データを読み取るために計算時間が必要になるため、非圧縮ビデオをリアルタイムでスムーズに実行することは難しい場合があります。これを左右するのはドライブの速度です。しかし、非圧縮ビデオを選択する前に、ロスレスコーデックを使用した方がよいかどうかを自問しましょう。答えが**No**なら、**ボートを大きくする必要がある**ということです。より大きいドライブを新調することを検討してください。非圧縮ビデオデータは非常に大きいので、間違いなくすぐに必要になります。

これらはよく使用されるコーデックのほんの一例です。テクノロジーは日々進化していることを忘れないでください。これまで使用したことのないコーデックを見つけた場合は、推測するのではなく、その仕様を読んでください（よろしくお願いします）。

▶ MXF：Material Exchange Format（.mxf）

MXF（Material "eXchange" Formatの略）は、一連のSMPTE規格で定義されたプロユースのデジタルビデオおよびオーディオ向けのコンテナフォーマットです。**コンテナ**、**ラッパー**、または**リファレンス**ファイル形式としてポストプロダクションで広く使用されています。**MXF**ファイルには、QuickTimeの場合と同様に、メタデータ[37]が含まれています。これは、同じファイル内に含まれるメディアに関する説明情報です。メタデータの例としては、フレームレート、フレーム サイズ、作成日、カメラオペレーター、アシスタント、またはアーキビストによって提供されたカスタムデータがあります。

■ その他の関連する画像ファイル形式

▶ PSD：Photoshop Documents (.psd)

PSDファイルは、Adobe Photoshopのネイティブのファイル形式です。特にAdobe Photoshopを使用したことがある方であれば（ない方はいませんよね？）.psdという拡張子が付いたファイルを目にしたことがあるでしょう。デザイナーやアーティストが最もよく使用するPhotoshop Documentsは、画像データの保存および作成向けの高度なツールです。複数のレイヤー、画像、オブジェクトを保存できます。PSDファイルの高さと幅は最大30,000ピクセルで、画像のビット深度と色の広がりは多岐に及びます。 Adobe Photoshopの独自の形式ではありますが、Nukeなどのほかのソフトウェアでも、読み取ったり解釈することが可能です。しかし、ファイル形式自体はほかのソフトウェアとのやり取りを想定していないため、互換性がなく、別のソフトウェアで開いたファイルが元のファイルと異なって見えてしまうこともあるため望ましくありません。私からの非常に保守的なアドバイスではありますが、PSDファイルをPhotoshop以外では使用しないことをお勧めします。どうしても使用しなければならい場合は、シンプルに保ち、すべてのグラフィックスとエフェクトをラスタライズし、コンパクトにできるすべてのレイヤーをフラット化し、レイヤーをレイアウトすることだけにPSDファイルを使用することが重要です（「覆い焼きカラー」や「焼き込みカラー」などの特定の描画モードでは、異なる外観になる可能性があることを考慮してください）。PSDファイルはPhotoshop用に保持し、必要に応じて最適なファイル形式を使用してエクスポートしてください。

▶ HDR：High Dynamic Range Raster Image (.hdr)

HDRファイルは、デジタルカメラの写真をHDRで保存するための**ラスター画像**[38]ファイル形式です。これにより画像編集者は、ダイナミックレンジが制限されたデジタル画像の色と明るさを改善できます。この調整により、トーンマッピングが促進され、より自然な外観の画像が得られます。通常、HDRファイルは32ビット画像として保存されます。

▶ PIC：Pictor Raster Image

80年代に開発されたPICファイルは、**PICtor**形式で保存されるラスター画像ファイルです。最初に広く受け入れられたDOS画像標準の1つ（そうですね、大変古いものです）であり、現在は主に**Graphics Animation System for Professionals (GRASP)**と**Pictor Paint**で使用されています。しかし、ダブルクリックすると開くPNGやJPGなどの一般的なファイル形式とは異なり、PICファイルにアクセスするには、通常、サードパーティ製のアプリケーションの支援が必要となります。通常のVFXパイプラインではあまり一般的ではありません。

▶ SGI：Silicon Graphics Image (.sgi)

SGIファイルは、**SGI**形式で保存された画像です。通常、3つのカラーチャンネルを持つカラー画像です。SGIファイルには、**Silicon Graphics**ワークステーションで表示するように設計された画像が含まれています。Silicon Graphics Computer Systems社は、1981年に設立された、ハードウェアおよびソフトウェアを製造する高性能コンピュータメーカーです。同社のワークステーションは、デジタルビジュアルエフェクトの黎明期におけるゴールドスタンダードとなりましたが（非常に高価ですが効率的なマシン）、残念ながら、一連のビジネス戦略の動きを原因とする衰退により、SGIの人気は次第に低下し、2009年に破産を申請しました。

その他の関連する画像ファイル形式　　81

現在、いくつかのデジタル画像処理ソフトウェアがSGIとの互換性をサポートしていますが、この形式自体は主流ではありません。

▶ TARGA：Truevision Advanced Raster Graphics Adapter（.tga, .icb, .vda, .vst）

TARGAは、Truevision Advanced Raster Graphics Adapteの頭文字を、TGAはTruevision Graphics Adapterの頭文字をとったものです。Truevision社は、ビデオボード用にTARGA形式を作成しました。この形式では、最大255のビット深度を使用でき、そのうち最大15ビットをアルファチャンネル専用にすることができますが、実際には、使用されるビット深度は8、15、16、24、または32のみであり、16ビットバージョンではアルファ（「黒」または「白」の値）に1ビットが使用され、32ビットバージョンではアルファに8ビットが使用されます（256の値）。

TARGAファイルは、静止画像やフレームシーケンスをレンダリングするために使用されます。ソフトウェアによってファイル名の拡張子は異なります。たとえば3ds Maxは、.tgaだけでなく、.vda、.icb、.vstのバリエーションもレンダリングできます。

▶ XPM：X PixMap（.xpm）

1989年に誕生して以来、X Window SystemはX PixMap（XPM）として知られる画像ファイル形式を使用しています。その主な機能はアイコンピックスマップの生成で、透明なピクセルの使用をサポートしています。

▶ YUV：輝度（Y）- 彩度（UV）エンコードビデオ／画像ファイル（.yuv）

YUVファイルは、YUV[39]カラーモデル形式でエンコードされたビデオファイルです。YUV 4:2:0、4:2:2、または4:4:4形式で保存でき、一連のYUV画像を単一のビデオファイルとして保存します。MPEG-4およびH.264デコーダーの両方でYUVビデオファイルを開くことができます。

▶ GIF：Graphics Interchange Format（.gif）

ミームやネコの写真を保存するのに最適な形式で、インターネットで意図せぬ時間つぶしをしてしまう要素にはGIF画像が多く使われています。GIFはGraphics Interchange Formatの略語で、ラスターファイル形式をを簡素化したものです。各ファイルは、256色のインデックスカラーと、ピクセルあたり最大8ビットをサポートします。さらに、画像やフレームを組み合わせて、GIFファイルで初歩的なアニメーションを作成できます。レンダリングをGIFに保存しようとは考えないでしょうが、この軽量フォーマットの用途は、ネコだけではありません。たとえば、スクリーンキャプチャを撮って、ソフトウェアで何かを検索する方法をほかの人に示したり（かなり手の込んだケースでは、アニメーションを使用してステップバイステップのガイドも作れます）、注釈を付けるといったことができます。

以上は、存在する無数のファイル形式のほんの一握りです。ここにリストしていない形式にも必ず出会うでしょうが、それはあまり重要ではありません。本当に重要なのは、出会った形式に慣れることです。機能と互換性を確認しましょう。よくわからないものは使用してはいけません（「皆が使っているから使っている」や「名のあるスタジオで働いている従兄弟がこれを使うように言ったから使っている（でも理由はわからない）」は言い訳にはなりません）。ほんの数分あれば、Googleで公式のリソースを検索して、作業するうえで

必要な仕様をすべて調べることができます。その投資した時間は、驚くほど皆さんのキャリアを形成し、皆さんの人生（そして皆さんと関わる人々）を楽にしてくれます。推測して、賢く時間を使えば避けられるはずのエラーを修正するのではなく、適切に作業を進めることに時間を費やしてください。

データの保存については十分に説明しましたので、次はカラーマネジメントに不可欠なディスプレイについて「見る」ことにしましょう。

■ ディスプレイのホワイトバランス

カラーパイプラインを理解するには、デジタル画像イメージ処理のあらゆる要素を理解する必要があります。画像のキャプチャ処理、ワークスペースとごくシンプルな変換、さらには画像データの保存について簡単に見てきましたが、このチェーンの中には軽視できないリンクがあります。それは出力ディスプレイ、つまりモニター（または任意のほかのディスプレイデバイス）です。私たちは全員同じ画像を見ていることになっており、理論上は同一に見えなければなりません。しかし、この点こそが大変なのであり、カラーマネジメントが存在する主な理由の1つです。

画像の操作や生成、および色の処理のための特定のソフトウェアは別として、正確な色の観察には、まずキャリブレーションされたカラーモニターと、管理された（同期された）カラーパイプラインが必要です。関係者全員が同じルールと規格を使用して、自分が見ているものが、クライアントや協力者側が見ているものと一致するようにする必要があります。そうすれば、皆さんが施したカラーグレーディングに驚かれたり、表された画像を誰かが正確に知覚できなかったせいで、誤解を招くメモやコメントが寄せられたりすることがなくなります（実際にあった出来事です）。

では基本から始めましょう。ハードウェア、つまりディスプレイ（ここでのディスプレイとは、コンピュータのモニター、テレビ、プロジェクターなど、コンテンツを見るのに使用されるものを指します）は、画面上のカラーピクセルを表現する方法において正確でなければなりません。表現される画像の全体的なルックに影響する要素の1つが、**ホワイトポイント**です。最新のディスプレイの多くは、さまざまな標準のホワイトポイントを適用したり、カスタマイズすることができます。

ホワイトポイントは、あらゆる色空間の3つの基礎の1つです（ほかの2つは**原色**と**伝達関数**）。

CIEは、**標準の光**を定めました。**標準の光**とは、理論的な可視光源とその分光分布のことで、世界共通の基準として公開され、確立されています。画像の色を比較するための基準となります。私たちに特に関係するのが、**CIE標準光源D65**です。別の章で後ほど取り上げる**Rec. 2020**色空間の基本コンポーネントの1つとして、ポストプロダクションのさまざまな用途（HDRコンテンツなど）に使用されているためです。

D65は、理論的には、西ヨーロッパ/北欧の空からの反射光を含む、正午の直射日光に対応しています。それが、**昼光光源**シリーズに含まれる理由です。この分光分布を**正確に**放射できる光源は世界に存在しません。これは、光源をこの理想的なポイントに揃えるのに役立つ、数学的なミュレーションデータにすぎないのです。色温度はおよそ6504K[40]で、**プランキアン軌跡**（本書の後半で、色空間の要素を分解するときに説明します）をわずかに上回り、それが昼光を表すDと、6504Kを表す65という名前の由来になっています（D65という名前から、**CCT**とも呼ばれる相関色温度が6500Kであるように思われがちですが、実際には6504Kに近いです。この食い違いには歴史的な理由があり、1968年の改訂で、D65光源が定義された

後に、**プランキアン軌跡**の位置が移動されたからです。科学ですから、調整が必要になることもあります。**科学的手法**であることを忘れないでください！）。

私たちにとって、**CIE標準光源D65**は、標準ダイナミックレンジ（SDR）やHDR対応テレビなどのさまざまな規格に使用されるため、非常に重要です。そして言うまでもなく、CG用のコンピュータモニターに使用される最も一般的な色空間は、sRGB色空間です。

ハードウェアは、ターゲットのD65仕様に合わせて、出荷時にキャリブレーションされているはずです。その後、画面の色再現機能（時間の経過とともに変化する）を最適に調整するために、自分でソフトウェアキャリブレーションを実行するときには、モニターのホワイトポイントがD65標準に合うようにキャリブレーションされます。色温度やマゼンタ/グリーンのバランス調整も同標準に従い、ホワイトポイントが可能な限り正確になるよう調整されます。この要素なしでは、カラーキャリブレーションと調整は不可能です。つまり、ソフトウェア（ディスプレイに表示される色をサンプリングするカラーキャリブレーションデバイスを使用）は、必要な調整を行って、画面のホワイトポイントを可能な限り標準に近づけます。

使用するモニターの品質について、注意点があります。通常のSDR画像には優れたsRGBモニターが、HDRにはRec. 2020モニターが必要なのはもちろんですが、ここで少し、さまざまなタイプのアーティストやタスクのニーズについて考えてみましょう。たとえば、合成やVFX全般では、カラリストほど高い色の精度は求められません。カラリストは**確実に**カラーグレーディングを行う必要があるため、映画の映写規格や配信用の最終ディスプレイと同じくらい正確に色を再現できるディスプレイが必要です。そうすることで、映画制作者の最終的なアートディレクションを反映したグレーディング処理を保証することができます。一方、コンポジターやVFXアーティストというものは、「やや緩い」色の精度スケールで作業します。参照は絶対的とは限らず、実写やCG（またはフォトリアルなCGのみ）などの多様なソースからのさまざまなレイヤーを統合する必要があるためです。重要なのは、すべてが互いに首尾一貫して見えることです。通常は、実写**プレート（スキャン）**が色の参照として使用されますが、ほかの参照ポイントがある場合や、プレート内に内部参照がなく、別のプレートや外部参照にある場合もあります。カラリストが映画全体の色を調整するため、VFXでは「絶対的」な意味での色については「あまり」心配する必要はありません。それでも、データの読み取り（値）を信頼して作業することになるため、参照および映画制作者の芸術的意図との整合性という点では、画像は首尾一貫して正確でなければなりません。一度はそう言いましたし、「VFXの目的にとって、色の正確さは重要ではないのではないか」という疑いや誤解を招いてしまったかもしれませんが、はっきり言うと、それは私が言いたかったことではありません。私が言いたいのは、次のセクションで説明するように、**リファレンス**モニターやプロジェクターは、色精度のために非常に高い製造基準が求められるため、非常に高価な場合があるということです。そして、それは当然のことです。なぜなら、制御された環境（試写室など）でリファレンスモニターに表示されるものが、ショー全体の最終承認のゴールドスタンダードになるからです。つまり、**見た通りのものが結果に反映される**というわけです。一方、実際面では、通常のVFX担当者は、作業に必要な色空間で知覚的に正確な画像を表現できるよう、なるべく高性能のディスプレイを使用する必要があります。私たちは時々、グレーディングスイートからVFXショットを**返される**ことがありますが、その理由はこれです。グレーディング処理で、特定の色操作を行った後や、完全に「絶対的」にキャリブレーションされた環境では、色の領域に明らかな不意一が見つかる場合があるのです。したがって、VFXアーティストにとっても、ほかのアーティストにとっても、同じくらいモニターは重要ですが、合成やライティングを施すために大金を費やす必要があるという意味ではありません。ディスプレイの精度が高いほど、観察している画像をより細かく制御でき、見えるものを強く信頼できるので、予期せぬ事態に遭遇しないですむということを覚えておいてください。

■ モニターの種類

モニターは、その画像表現の忠実度に応じて、A、B、Cという3つのカテゴリーに分類できます。

A グレード（またはグレード1）は、新のリファレンスモニターです。カラリストが必要とする、最も精度の高い種類のモニターです。**品質管理（QC）**を実行できる唯一のモニターです。

この反対側に位置するのが、**C グレード**モニター（またはグレード3）です。このカテゴリーには、一般消費者向けのテレビや消費者レベルのモニターが含まれます。「スーパーマーケット」（衣料品売り場の隣）で販売されているディスプレイ（モニター、テレビ、プロジェクターなど）は、たいていCグレードです。色の正確な評価を伴う作業には、これらを使用しないでください。

その中間にあるのが、**B グレード**（またはグレード2）のプロ向けコンピュータおよびブロードキャストモニターで、私たちにぴったりのタイプです。このカテゴリーは選択肢が豊富で、たくさんのモデルやメーカーがあります。モニターの前で何時間も過ごすことになるので、作業用のモニターは慎重に選ぶことをお勧めします。もちろん、「**良いモニターを選ぶにはどうすればよいのか？**」や「**モニターに求めるべき機能は？**」といった疑問が浮かぶでしょう。考慮すべき要素はたくさんありますが、私が最も重視するのは、**Delta E** レベル（ΔEやdEのように表記される）です。

CIEは、画面に表示される2つの色の違いを測定するために、Delta Eと呼ばれる測定基準を定めました。考え方としては、Delta Eレベルがなるべく低く、できるだけ0に近いモニター（またはプロジェクター）を選択する必要があるというものです。

画面に表示される色の値と、画面に表示されるようにディスプレイに送られた元の標準色の値の数学的な差（Deltaと呼ばれる）は、**Ddelta E レベル**として知られています。正確であるほどより低いDelta E値で示され、不一致が大きいほどより高いDelta E値で示されます。経験から言うと、Delta E値が2より高いディスプレイはお勧めしません。

Empfindungは、「**感覚**」を意味するドイツ語で、**Delta E** の「E」にあたります。ギリシャ語の**delta**（Δ）は、変数の段階的な変化を意味します。つまり、「Delta E」という語は**感覚の差**を意味します。

一般的なスケールでは[41]、Delta Eの値は0から100の範囲になります。

- 人間の目には見えない（$\Delta E \leq 1.0$）（**リファレンス モニターとして適している**）
- ΔEが1と2の間：よく観察すると見える（**VFXにはこれで十分**）
- ΔEが2と10の間：すぐにわかる（**なるべく使用しない。使う場合は自己責任で使用する**）
- ΔEが11から49の範囲では、色は異なるものの、反対色ほどではない（**絶対に使用しないこと！**）
- $\Delta E = 100$：色は正反対（**もはやモニターではなく洗濯機。放置しよう！**）

アドバイスとして、$\Delta E \leq 2$という不等式を覚えておきましょう。これだけあれば、私たちの作業には十分です。

もう1つ考慮に入れてほしいのは、従来の8ビットモニターではなく、10ビットモニターを使用することです。10ビットではより多くの値（グラデーション）を表示できるため、理論上は精度が大幅に向上します。10ビットの人気はますます高まっています。ただし、ビット深度だけでは何も保証されません。信頼できる指標として、**Delta Eレベル**を確認しましょう。いずれにしても、明確にしておきたいのは、これは画像の視覚化の問題にすぎないということです。保存および処理されるデータの品質は同じであるため、ディスプレイの品質によってデータが損なわれることはありません。ただし、注意してください。そのデータをどのように扱うか、値を操作するかは、皆さんの知覚に基づいているため、作業の「品質」には確実に影響します。

ディスプレイの「品質」について確認し、ハードウェアおよびソフトウェアキャリブレーションを行ったら、次はカラーパイプラインを確実に揃えます。厳密に言えば、この作業はアーティストではなく、エンジニア、スタジオ技術者、カラーサイエンティストが行うものです。それでも、カラーマネジメントプロセス全体とその中での自分の役割を理解し、柔軟に自分の役割を果たすことが大変重要です。

この章の締めくくりとして、特定のソフトウェアに絞った考察をしたいと思います。本書はソフトウェアに依存しないと言いましたが、広く使用されているソフトウェアの仕様をのぞくのも悪くありません。ターゲットのソフトウェアがあるからこそ、説明や理解しやすい点もあります。この章の次となる最後のセクションは、Nukeユーザーを対象としています。

■ 入力プロセスとビューアープロセス

ファイルで取得された画像データとディスプレイに表示される画像の間には、芸術的な意図に沿って画像をレンダリングするためのプロセスがいくつかあります。ここでは、画面に画像をレンダリングするための色処理の流れを深く理解できるように、これらのプロセスのうちの2つについて説明します。

Nukeでは、**ビューアー**[42]に適用される主な画像処理が2つあります。それは**ビューアープロセス**と**入力プロセス**です。どちらも画像の実際の値を変更するのではなく、**ビューアー**に表示される前に、画像の解釈方法を変更するだけです。

単にビューアーのLUTと呼ばれことも多い**ビューアープロセス**は、一般にワークスペース（通常はNukeリニアワークスペース）をディスプレイの色空間（通常は**sRGB**）に変換するために使用されます。**ビューアープロセス**でLUTをさらに調整することで、任意の係数に基づいて画像の表示を「改善」し、ターゲットフッテージの**曲線**をより適切に表すことができます（図2.45）。

図2.45 Nukeのビューアープロセス

言うまでもなく、これは細心の注意を要する問題です。間違ったLUTは画像の外観を変え、不適切なカラーコレクションによって誤った印象を与える可能性があるからです。たとえば、**ビューアープロセス**のLUTでマゼンタが強すぎる場合、ビューアーに「正しく」表示するため、緑を追加して画像を補正しようとしますが、適切なLUTが補正するはずの同じエラーを追加することで、LUTのエラーを不適切に補正してしまう場合があります。この時点で、いわゆる**ディスプレイ参照**のワークフローを使っていることになります。これについては後の章で説明します。

デフォルトでは、特に指示がない場合は、コンピュータモニターにはデフォルトの**sRGB**を使用し、ビューアーをテレビまたはプロジェクター（**HDTV**）に表示する場合は**Rec. 709**を使用します[43]。コンピュータモニター用の**sRGB**規格の場合と同様、**Rec. 709**規格は**国際電気通信連合（ITU）**によって制定されました。この規格の正式名称は**ITU-R勧告BT.709**で、通常は単に**Rec. 709**（709を勧告するという意味）と呼ばれます。カラー表示に関して、この規格には次のようなキーポイントがあります。

- 8ビットの色深度
- 放送では、ブラックポイントは16、ホワイトポイントは235と定められています。値0と255は同期に使用され、ビデオデータに使用することは禁止されています（いわゆる**違法**）。そのため$Y'C_BC_R$信号では、輝度は16〜235、彩度は16〜240の範囲に制限されています。
- この規格は、デジタル**HDTV**向けに特別に作成されました[44]。

ここで取り上げたいNukeのもう1つの処理オプションは、**入力プロセス**です。

入力プロセスは、ビューアーによって処理される前に画像に対して実行される一連の処理で構成されます。色の操作だけでなく、空間変換やフィルターも含まれます。**ビューアープロセス**と同様、この補正では画像内の実際の値は変更されず、**ビューアー**が画像を表示する方法だけが変更されます。

▶ Nukeの入力プロセス

ノード、**ギズモ**、またはグループを選択することで、独自の**入力プロセス**を作成できます。メニューに移動し、**Edit > Node > Use as input process**と選択します。アクティブな**入力プロセス**がある場合、ビューアーの上部にある「**IP**」ボタンがハイライトされます。**入力プロセス**は、プライマリグレード（全体的な**ルック**のカラーコレクション）を設定したり、クロップやパン-スキャンなどの画像変換を実行するのに非常に便利です。ほかのフィルターを使用すると、映画制作者が意図したように映画を仕上げ、そのルックを詳しく確認できます。また、色の操作、LUTの適用、技術的な視覚化（画像の露光を監視するのに非常に便利なFalse-Color LUTなど）といった役立つ操作を表示したり、単に画像の特定の領域を無視することもできます。この入力プロセスは、カラーマネジメントパイプラインでは非常に効果的で、たとえばルック修正変換（LMT：Look Modification Transform）などを配置できます[45]。これについては、ACESを扱う章で説明します（図2.46と2.47）。

入力プロセスとビューアープロセス 87

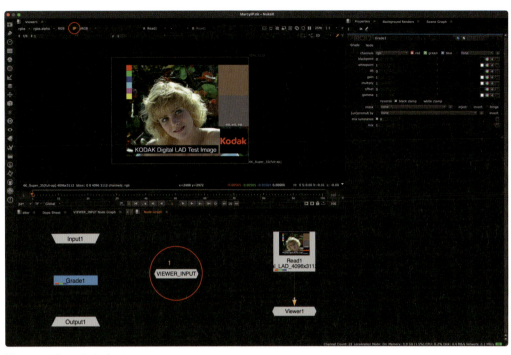

図2.46 Nukeの入力プロセス

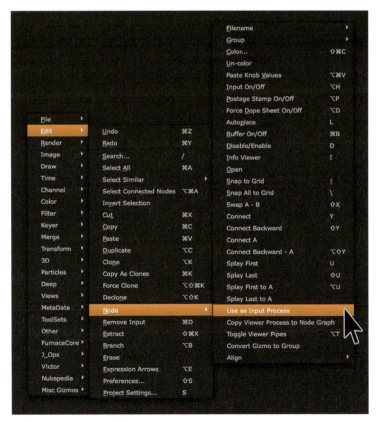

図2.47 Nukeで入力プロセスノードを設定

注釈

1 色を括弧(「」)で囲んだのは、色は3つのRGBチャンネルの組み合わせの結果であるため、ここでは仮定の話として、1つのチャンネルのみを使用して強度のレベルを表しているからです。仮定的なモノクロチャンネルまたはレジスタの強度レベルとして参照した方が正しいことはわかっていましたが、この説明のために不必要に物事が複雑にならないよう、定義されたビット数で達成可能なビットの各値(またはそれらの組み合わせ)を色として定義します。

2 IEC:電気、電子、および関連技術全般(総称して**電気工学**)に関する国際規格を作成、発行する国際的な標準化団体(フランス語では**Commission Electrotechniqeu**)。

3 ビデオまたは静止画像のシステムで一般的に使用される、輝度値または三刺激値に対する非線形の符号化および復号化がありません(ガンマ補正や輝度サンプルの対数分布(logの符号化)など)。

4 **整数**とは、正、負、またはゼロの整数であり、小数ではありません。整数の例としては、-1、0、1、23、45、678などがあります。混乱を避けるために、整数ではない数の例をいくつか挙げておきます。たとえば、-1.2、4/5、6.78、0.009です。

5 **固定小数点**は、小数部の桁数を**固定**して格納することで、小数または10進数(非整数)の計算値を表す方法です。たとえば、スーパーマーケットでドルで表示される価格は、多くの場合、セント(1ドルの0.01)を表す2桁の小数部を使用して表示されます。たとえば、「$3.99」、「$2.65」、「$1.00」などです。一般にこの用語は、ドルの**ダイム**や**セント**を使用する場合のように、小数値を、固定された小さい単位の整数倍として表すことを指しています。

6 **IEEE**は、電子工学、電気工学、および関連分野の専門職団体であり、技術の進歩に取り組んでいます。

7 これは、**約340,282,350,000,000,000,000,000,000,000,000,000,000**を意味します(32ビット整数変数の「わずか」**2,147,483,647**に対して)。

8 地域のシステムに応じて、**ピリオド**(.)または**カンマ**(,)で示されます。

9 **科学的表記法**:大きすぎたり小さすぎたりして桁数が多くなってしまい、10進数では簡単に表記できない数値を表現する方法。たとえば、5×10^6は5,000,000の科学的表記法であり、5×10^{-6}は0.000005の科学的表記法です。

10 **曲線**という用語は、指定した数学関数(yの要素をxの各要素に割り当てる)の結果の値の表現を指します。したがって、矛盾しているように聞こえますが、関数のグラフィック表現として直線を指す場合は「**直線の曲線**」または「**線形の曲線**」と言うことができます。

11 数値(ここでは2.2)は傾きを表します。1より小さいガンマ値($\gamma<1$)は、ガンマエンコーディングと呼ばれ、べき乗則による「圧縮」のノンリニア演算でエンコードする処理をガンマ圧縮と呼びます。一方、このケースのように、1より大きいガンマ値($\gamma>1$)は、ガンマデコーディングと呼ばれ、べき乗則による「拡張」のノンリニア演算を適用することをガンマ拡張と呼びます。

12 **タグ付け**(**タグを使用**)という用語は、コンテンツを記述するオプションの色空間情報パラメーターを、メディアのメタデータに書き込むことを指します。タグは、簡略化された方法で画像のカラリメトリー(色度測定)を記述します。ソフトウェアはタグを使用して指示を解釈し、コンテンツを意図通りかつ適切に表示することができます。

13 Nukeでは、操作の前に**Log2lin**ノード(リニアから対数へ変換:「lin2log」)を使用し、この種のノンリニアの動作を強制します。逆の場合はもう1つ**Log2lin**ノード(対数から再びリニアへ:「log2lin」)を使用します。また、自然な対数数列のために、ほかのノブで適切なパラメーターを設定します(通常、**黒**=「**0**」(最小)、**白**=「**1023**」(最大)、**ガンマ**=「**1**」)。

14 これが真であるためには、xが0より大きい**実数**である必要があります。

15 **ベース込みかぶり濃度**は、ベース濃度と未露光のハロゲン化銀結晶に対する現像液の作用によりぅる、フィルムの光学濃度です。これは、暗い領域で明るさの変化を得られる最小レベルの露光のもとで、暗いディテールが失われる(平坦化される)最も暗い黒レベルを表します。ベース込みかぶり濃度は、未露光のフィルムストリップを処理サイクル全体的を通して現像し、結果として得られる光学濃度を測定することで測定できます。

16 **ICCプロファイル**は、ICCが宣言した標準に従って、色の入出力デバイスや色空間を特徴付ける一連のデータです。

17 アカデミー賞の技術部門。

18 「映画芸術科学アカデミーとLinux Foundationの提携により設立されたAcademy Software Foundationは、映画および幅広いメディア業界のオープンソースソフトウェア開発者がリソースを共有し、画像制作、ビジュアルエフェクト、アニメーション、サウンドのテクノロジーについて協力するための中立的なフォーラムを提供します。同財団は、OpenVDB、OpenColorIO、OpenEXR、OpenCueのホームです。」Olin, E.(2019年5月1日)。「**OpenEXR and OpenCue Become Academy Software Foundation Projects**」(OpenEXRとOpenCueがAcademy Software Foundationプロジェクトに)Academy Software Foundation、https://www.aswf.io/news/openexr-and-opencue-join-aswf/

入力プロセスとビューアープロセス　89

19　コンピュータグラフィックスで一般的な**色の量子化**とは、画像内で使用される個々の色の数を減らす処理によって、色空間を簡素化することです。通常は、結果の画像が元の画像になるべく似るようすることを目指します。「量子化」という言葉は、「量」が取り得る値の数を制限することを意図しており、特定の変数が特定の離散的な（固定定義された）大きさしか取らないようにすることを意味します。

20　これは**インデックスカラー**と呼ばれています。

21　**ディザリング**は、画像内のカラーバンディングなどの多規模なパターンを防ぐ目的で、ランダムなノイズを適用する処理のことです。

22　**トゥルーカラー**は通常24ビット画像を指します。チャネルあたり8ビット（赤に8 ビット、緑に8ビット、青に8ビット＝合計24ビット）になるため、その場合は16,777,216色に達します。人間の目は最大約1,000万色を識別できることから、これ**は人間が知覚できる範囲よりも広い範囲の色**をカバーすることを意味し、言い換えれば、本来の色で認識するのに十分なカラー情報であると言えます。人間の色の知覚を超えるカラー情報を含むビット深度を持つ画像を、トゥルーカラーと呼びます。

23　**コーデック**は、データストリームまたは信号をエンコード／デコードするソフトウェア（またはハードウェア）です。コーデックという用語は、エンコーディングの方向を示す2つの言葉、coderとdecoderを組み合わせたものです。

24　MOSは**Mute Of Sound**の略で、ビデオにサウンドが含まれていないことを意味します。これは、ポストプロダクション業界全体でオーディオトラックを含まないビデオクリップを表現するための慣例的な方法です。ビデオにサウンドがある場合は、「**サウンド：Mono**」、「**サウンド：5.1 (LRClfeLsRs)**」（サラウンドの場合、サウンドチャンネルの順序を示す）、「**サウンド：Stereo**」（立体画法（「メガネ用」の**3Dステレオ**）と誤解しないよう、**Stereo**の横に「**サウンド**」という語を必ず指定します。この機能は該当する場合にのみ「**マルチビュー**」キーの下に示される必要があります）のように示すことができます。面白い話なのですが、MOSという略語の由来については明らかではありません。ドイツ語の「**mit-out sound**」の頭字語だと言う人もいれば、「**motor only shot**」から来ていると言う人もいます。言葉の由来が何であれ、意味は同じで、無音のショットを指します。

25　Apple Inc.（2018年4月9日）「**Apple ProResについて**」Apple、2022年12月2日、https://support.apple.com/ja-jp/102207より。

26　カラーサブサンプリングが通常の3つの数字ではなく、4つの数字の比率で構成されている場合、4番目の位置にある最後の数字はアルファチャネルのサンプル比を示します（R:G:B:A）。カラーサブサンプリング比が4:4:4:4を示す場合、ルーマ（輝度）と彩度のすべてのデータに加え、アルファチャネルも保持されていることになります。この比を示すコーデックは、RGBAチャネルを受け入れます。

27　**Apple ProRes 4444 XQ**のターゲットデータレートは、1920×1080および29.97fpsの4:4:4ソースで約500Mbpsです。Apple Inc.（2018年4月9日）「**Apple ProResについて**」Apple、2022年12月2日、https://support.apple.com/ja-jp/102207より。

28　**Apple ProRes 4444**のターゲットデータレートは、1920×1080および29.97fpsの4:4:4ソースで約330Mbpsです。また、RGBとY'CBCRの両方のピクセル形式で直接エンコードおよびデコードできます。Apple Inc.（2018年4月9日）「**Apple ProResについて**」Apple、2022年12月2日、https://support.apple.com/ja-jp/102207より。

29　ターゲットデータレートは、1920×1080および29.97fpsのソースで約220Mbpsです。Apple Inc.（2018年4月9日）「**Apple ProResについて**」Apple、2022年12月2日、https://support.apple.com/ja-jp/102207より。

30　ターゲットデータレートは、1920×1080および29.97fpsのソースで約147Mbpsです。Apple Inc.（2018年4月9日）「**Apple ProResについて**」Apple、2022年12月2日、https://support.apple.com/ja-jp/102207より。

31　ターゲットデータレートは、1920×1080および29.97fpsのソースで約102Mbpsです。Apple Inc.（2018年4月9日）「**Apple ProResについて**」Apple、2022年12月2日、https://support.apple.com/ja-jp/102207より。

32　Avid DNxHDコーデックプロファイルは、440Mbpsから36Mbpsまでの範囲のビットレート（1秒あたり）を指定します。

33　SDTV：標準解像度テレビ（Standard Definition TV）（**PAL、NTSC**）

34　**DVB**：デジタルビデオブロードキャスティング（Digital Video Broadcasting）は、デジタルテレビ放送のための国際的な公開標準規格のセットです。

35　HDTV（HD）：HDTVは、720p、1080i、1080pなどの解像度形式を指します。

36　UHD：Ultra HDまたはUHDTVとも呼ばれ、アスペクト比が16:9の 2 つのデジタルビデオ形式である**4K UHD**と**8K UHD**を含みます（異なる解像度とアスペクト比を持つ**DCI 4K**や**DCI 8K**と混同しないでください）。

37 **メタデータ**は、ほかのデータ、このケースではメディアの背後にあるデータです。記述データの一種で、人やコンピュータがファイルのプロパティを識別するのに役立ちます。たとえば、メタデータには、そのクリップをキャプチャするのに使用されたカメラのモデルやレンズに関する情報を含めることができます。画像やビデオのメタデータには、表示可能なものと非表示のものを含め、無限のプロパティを記述することができます。メタデータは特定の処理で破壊されたり、特定のコンテナ（ファイル形式）に保存されない場合があるため、必要に応じてパイプラインでメタデータを保存できるようにしておくことの重要性を覚えておいてください。

38 **ラスター画像**：一般的にデジタル写真について考えるときに思い浮かぶのが、**ラスター**（または**ビットマップ**）画像です。簡単に言えば、ピクセルからなる画像はすべて**ラスター画像**であり、**ビットマップ**とも呼ばれます（JPG、TIF、PNGなど）。ピクセルで構成されていない、つまりラスター画像ではないほかの種類の画像としては、たとえばベクター画像があります（EPS、SVGなど）。

39 **YUV**は、通常、カラー画像パイプラインの一部として使用されるカラーモデルです。YUVモデルは、2つの**彩度**成分、つまりU（青の投影）とV（赤の投影）と、物理的なリニア空間の明るさを参照する1つの**輝度**成分（Y）を区別します。ほかの色空間と**RGB**モデル間の変換に使用できます。

40 **K**：**ケルビンスケール**の単位記号です。

41 Schuessler, Z（2020）「**Delta E 101**」色差の定量化、http://zschuessler.github.io/DeltaE/learn/

42 **ビューアー**：ビューアーはNukeの**GUI**（Graphic User Interface）「ビューポート」であり、選択した一連の操作の結果がモニターに表示されます。

43 ビューアーが配置されているディスプレイの正しい色空間を使用していることを確認してください。

44 **Rec. 709**と**Rec. 609**を混同しないようにしてください。**Rec. 609**はもともと、デジタルビデオでインターレースアナログビデオ信号をエンコードするために1982年に制定されました。この2つは別物です。

45 **LUT**：ACESカラーマネジメントパイプラインでは、**LMT**は非常に汎用的な固定の色操作です。大まかな考え方だけ理解できるよう、ここでは、LMTはACESワークフロー内でLUTと同じように動作すると覚えておきましょう。これについては、ACESをテーマとする章できちんと説明するので心配しないでください。

Section II

カラーマネジメント

3
カラーマネジメントの重要性

以降のセクションでは、より科学的なレベルでカラーワークフローの各要素を理解していきます。プロジェクトに応じて、ほかの部門、ビジュアルエフェクト環境の内外、カメラからスクリーンまで、それぞれの関係性を踏まえ、シンプルかつ一貫性のあるパイプラインをセットアップできるようにします。全員が同じ基準に従うことにより、色の品質と一貫性、さらには芸術的な意図を維持することが可能になります。

これから学ぶのは、**カラーマネジメント**です。この概念を明らかにすることからはじめましょう。

カラーマネジメントとは、さまざまなデバイスにおけるカラー表現間で、制御された変換手順を行うことを指しています。これにより、画像表現と創作意図の一貫性が確保され、すべての部門が揃って共通のビジョンをもつことができます。ええ、とても「くどい」説明ですね。異論はありません。もっと簡潔な説明にしましょう。誰でも、どこにいても、手元の画面で同一の画像を見られるようにする方法です。同一であれば何でもよいわけではなく、それらの画像の作り手である**アーティスト**（映画監督）の意図通りに見えるようにするのです。目指すことは単純です。あなたが**見ている**のは私が**見ている**ものであり、私たちはともに正しい画像を**見ている**のだと、保証するわけです。取るに足らないことのように思えるかもしれませんが、たくさんの理由から、これは非常に複雑なテーマです。歴史的な理由もそこには含まれています。画像処理および表示について、さまざまな側面を正確に理解する必要があります（図3.1）。

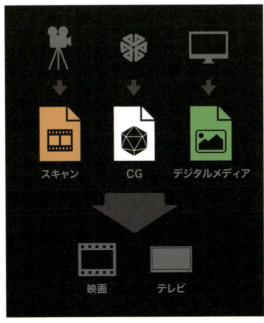

図3.1 アナログ時代のスキャン、CG、それら以外のデジタルメディア

「なぜ？」と疑問に思われているかもしれませんね。

それでは、時計の針を何年か戻しましょう。デジタルシネマカメラが登場する前の時代です。撮影にはネガフィルムを使い、現像してから、スキャンし（これはすでに「現代的」です）、Cineonファイルとして保存していました。その時代を知っていますか？　知らないなら、私が年をとっているのでしょう。その一方で、コンピュータを使ってレンダリングすれば、通常はリニア画像が生成されます。Photoshopなどで作られるそれ以外のデジタルメディアは、一般にすべて、同じ標準のsRGB形式でした。つまり、使われていた色空間は基本的に、ログ（Log）、リニア（Lin）、ガンマ（Gamma）がエンコードされたメディアで、それらを合成してから、映画や放送向けにコンテンツを配信する時代だったわけです。正直に言うと、当時から複雑だと思っていました。3つの色空間があるうえに、通常はビット深度も異なり、それ以外にもさまざまな要素をミックスしていることに留意する必要があったからです。

現在は、根本的に状況が違います。でも、驚かないでください。現代のツールによって、作業はよりスマートになったとはいえ、何を、どのように行うかを明確に理解する必要があるのです。従来から変わらず、主導権を握るのはアーティストですが、絶対に省略できないものがあり、その1つがカラーマネジメントです（図3.2）。

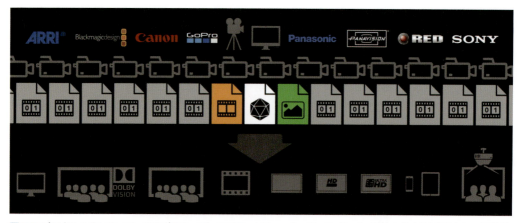

図3.2　デジタルシネマカメラ、さまざまなメディアプラットフォーム、ディスプレイ。複数の色空間が混在し、組織的なカラーマネジメントが必要となる

もちろん、当時と同じく、現在でもネガフィルムカメラとコンピュータ画像を組み合わせて使ってはいます。しかし、画像の取得という観点からすると、メディア＆エンターテインメント業界に真の革命をもたらした要素は、デジタルカメラです。カメラのメーカーとモデルは無数にあり、それぞれが独自の方法で光をエンコードします。つまり、異なる**色域**と**伝達関数**をもちます。言い換えれば、それぞれの**色空間**があるということです。前述した、何年か前に存在した色空間に、それを追加していかなくてはなりません。心配しないでください。これから、すべての概念をわかりやすく説明します。しかし、この新しいデジタルメディア時代の革新は、カメラだけではありません。コンテンツの視聴方法も同じように進化しています。アナログでの映写は現在も行われています。信じられない方は、クリストファー・ノーラン監督に聞いてみてください。ただし、上映方式の主流といえば、メディアエンターテイメントの視聴デバイスはどれもそうですが、デジタルであることは誰もが認めるところでしょう。映画、またはテレビ（ちなみに、これも今はデジタルです）は、**単一のデジタルとしてくくれるわけではなく**、さまざまなバージョンが共存しています。SD（標準画質）、HD、

UHDは、それぞれの規格が独自の色空間をもちます。ホームシアターや映画の上映に使われるHDRテレビとプロジェクター、そしてもちろんコンピュータ、全デバイスのスーパースターであるスマートフォンとタブレット。こうした機器は、現在ではさまざまなメディアストリーミングサービスやプラットフォームから直接コンテンツをストリーミングしており、その規格は上記のすべてに同時に対応しなければなりません。

誰もが同じ、高品質の規格を提供できるようにする必要があります。複数のスタジオが同じ番組、ときには同じショットに取り組んでいることもあり、そうなるとタスクはいっそう複雑です。色はどれも重要です。それでは、問題を根本から分析してみましょう。まずは、画像をどうキャプチャするかです。フィルムスキャンは常に「同じ」なので、デジタルカメラに注目します（図3.3）。

図3.3 さまざまな色空間の結果

これらは、最もよく使われている数種類のデジタルシネマカメラで撮影した画像の例です。はじめに気付くのは、光の表現がそれぞれ異なることです。これらのクリップには、色を正しい場所に再マッピングして、メーカーが意図した通りに、いわゆる「正しい色」と呼べるように画像を表示する補正は適用されていません。クリップはそれぞれが独自の色空間をもちます。センサーが再現できる色の忠実度を最適化するために、メーカーが特別に設計した色空間で、リニアの三刺激の値とノンリニア電子信号をマッピングします。違いがわかりますか？　すべての画像が特有の色空間をもち、それに応じてカラーマネジメントパイプラインの入力ポイントが決まります。

さて次は、色空間を探っていきましょう。

4

色空間を理解する

カラーマネジメントを本当に理解するために、まず色空間の基礎を明らかにする必要があります（図4.1）。

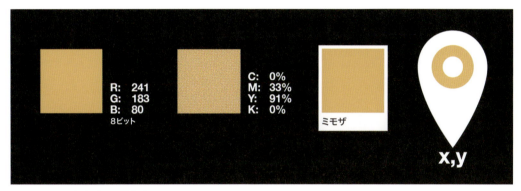

図4.1 異なる色空間での同じ色

色空間とは、カラーモデルの色成分の組み合わせをベースにした、特有の色の構成を指します。たとえば、Pantoneコレクションのように、「名前」を付けただけの規則性のない定義もあれば、座標セットなどの数学的構造で定義されたものもあります。したがって、色空間とは、キャプチャまたは再現を目的に、特定のデバイスで再現できる各色に対して、「アドレス」や識別子をレイアウトした空間であると考える必要があります。その空間がどこにあり、どのように定義され、どのような要素で構成されているかが、この章のテーマです。

■ カラーモデル

カラーモデルは複数あり、用途に応じて使い分けます（図4.2）。たとえば、人間の知覚を分析した**CIE**では、**CMY**（または**CMYK**）はインク用（つまり印刷目的）で、減法混色（すべての成分を混ぜると黒になる）を使用します。これは、すべてを合わせると白になる**RGB**と対照的です。**RYB**は、アートやデザインの顔料用に使用され、小学校で教わるように、黄色と青を混ぜると緑になります。私たちVFXアーティストにとってはもっと馴染み深い色空間もあります。**HSV**は色相（Hue）、彩度（Saturation）、明度（Value）の3成分、**HSL**は色相（Hue）、彩度（Saturation）、輝度（Luminance）の3成分で構成され、**円柱**上の極座標で示されます。さらに、私たち映像関係者に最も関係が深いのはRGBモデル、つまり光の加法混色で、すべての色が合わさると白になります。ディスプレイ、カメラ、ポストプロダクション、これらの色空間はすべてRGBモデルを使用しています。

図4.2 カラーモデルの例

■ 可視光線

RGBモデルを使用する理由は、カメラやディスプレイが、人間の色の知覚を基準に作られてきたからです。人間がどのように色を**認識する**を深掘りしてみましょう。

人間の目の中には、最初の章で述べたように、異なる波長の光をとらえる3種類の感光性の細胞があります。これらの光の波長の範囲を可視光線と呼び、平均範囲は380〜700ナノメートルです。波長を連続した色の組み合わせとして配置すると、この可視光線を1次元、つまり1本のラインで示すことができます（図4.3）。

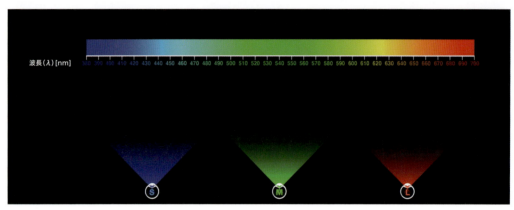

図4.3 光の可視光線

しかし、そのラインにはある色のグループが欠けています。紫はどこにありますか？ 欠けていることに気付きましたか？ 心配いりません。これはまったく普通のことで、光の単一の波長で表現されていないだけです。実際のところ**マゼンタ**は、人間の脳が視覚化するものです。S錐体（主に青と知覚されるものをとらえる）とL錐体（主に赤と知覚されるものをとらえる）が一緒に刺激され、M錐体（緑の視覚化を担う）がまったく、またはほとんど刺激されない場合に、マゼンタが脳に現れます。つまり、3つすべての錐体細胞からの刺激（三刺激）をミックスしたい場合は、すべての色を表現できるように構造化する必要があります。可視光線をカラーホイールに変換し、2次元で色を特定できるようにします（図4.4）。

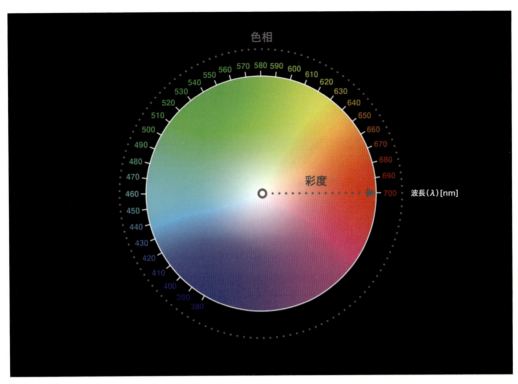

図4.4 色相と彩度を示すカラーホイール

このタイプの色の視覚化は、皆さんもよくご存知でしょう。ちなみに、図の円には、先ほど説明した紫の領域が含まれています。

円周上には、存在している色がすべて最大の強度で示されています。これを**色相**と呼ばれます（どこかで見たことがあるはずです。このカラーマニピュレーターは、Nukeをはじめ、画像処理ソフトウェアのRGBノブセットに見られます）。したがって、このモデルでは、色のアドレスの最初の行を円の角度で定義できます。0度は赤、120度は緑、240度は青、360度ではもちろん再び赤に戻ります。しかし、カラーホイールの端を移動しているだけで、アドレスはまだ不完全です。サンプルを反対色と混合するために、中心方向に移動するための別のコントロールが必要です。このコントロールは**彩度**と呼ばれ、カラーサンプルのアドレスの2番目の情報です。そうです、このコントロールは**HSV**スライダーの**色相**の隣にあり、これらのマニピュレーターは**色相**、**彩度**、**明度**モデルをベースとしています。サンプルの輝度や明るさを考慮せずに、色について話していることに注意してください。純粋に色であり、サンプルがどれくらいの明るさでも暗さでも、輝度に依存しない色を**色度**、つまり2D座標サンプルと呼びます。この例では、明るさの成分を除いた**色相**と**彩度**のサンプルです。

唯一の問題は、人間の知覚に基づいて色を表現したい場合、人間はすべての色を同じように知覚するわけではないという事実に向き合う必要があることです。特定の波長に対してより感度が高く、それが各色の輝度に直接的に影響します。そのため、**色相**と**彩度**を均等に配分した**RGBモデル**によって理論的かつ数学的に色度を表現したカラーホイールではなく、色の量とその輝度成分の知覚を考慮し、可視光線からの光の波長を収めるように研究された**空間**を使って、色を整理してみましょう。

◼ CIE（国際照明委員会）xy色度図

これは直交座標グラフで、*x*軸と*y*軸の両方の範囲が0から1に調整されています（図4.5）。つまり、*x*座標と*y*座標によってサンプルを呼び出せます。ちなみに、この2つの座標セットは**タプル**と呼ばれます。垂直方向の*y*軸は、2つの目的に使用されます。1つは、*x*軸座標と組み合わせて、この図にマッピングされた点を定義すること、もう1つはサンプルの輝度を示すことです。

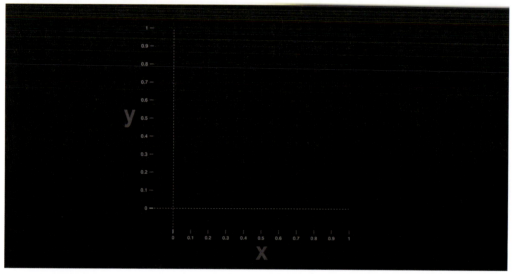

図4.5 直交座標グラフ

輝度が高いほど、*y*軸の値が高くなります（図4.6）。これが、特定の色空間について話すとき、さまざまなシステムで輝度成分が***Y***（大文字）とされることが多い理由です。一例を挙げれば、Y'$C_b C_r$（Yの隣のアポストロフィは、ノンリニア成分であることを示す）のYがそうです。一部の図では、*y*軸の二重の目的を示すために、この座標セットを特にxyY（最後の文字は大文字）と表記することもありますが、サンプルの位置は2つの座標のタプルだけで示されます。では、可視光線のすべての波長を、人間の色の知覚に基づくこの図に従って配置してみましょう（図4.7）。

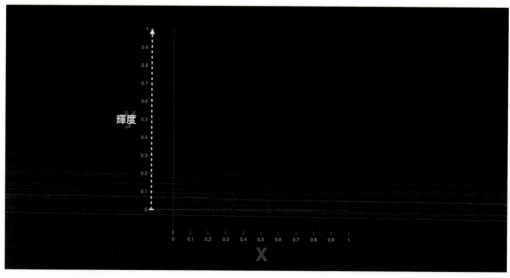

図4.6 y軸（垂直軸）の2つの目的

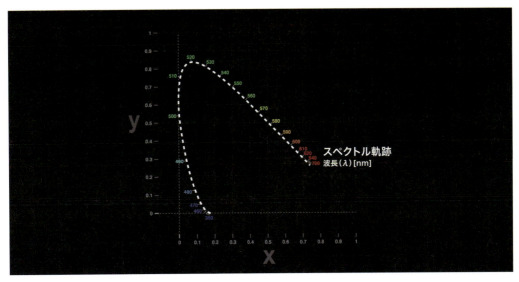

図4.7 スペクトル軌跡

この馬蹄形のラインは、可視光線のすべての波長の位置を結んだもので、**スペクトル軌跡**として知られています。つまり、これらすべての波長を組み合わせると、標準化された平均的な人間の視覚とその輝度によって、すべての可視の色が定義されることになります（図4.8）。

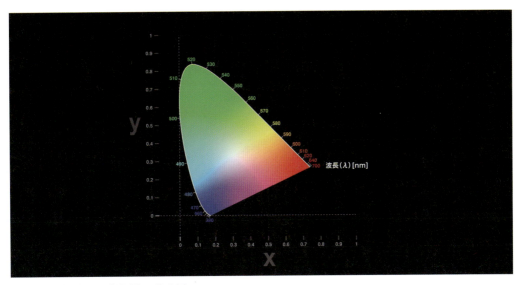

図4.8 CIE（国際照明委員会）xy色度図

この図は、1931年にCIE（国際照明委員会）が行った研究の結果です。そのため**CIE xy色度図**と呼ばれ、人間の視覚に照らして、色空間を見ることができます。まず、カラーホイールにはどの波長にも対応しない特定の部分があると述べたことを思い出してください。それでもそこには色があり、この一番下のラインは**純紫軌跡**と呼ばれています。色は存在している一方、波長は存在しません（図4.9）。

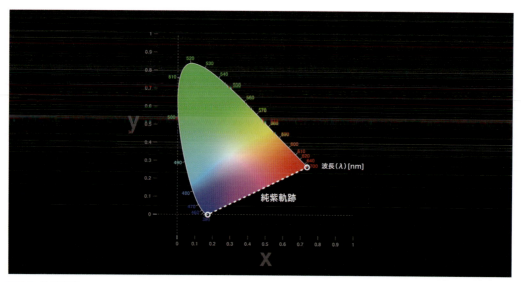

図4.9 純紫軌跡

もう1つ目に馴染んでいるであろうものは、スペクトル軌跡の端をたどる**色相**です。しかし、完全な円であるカラーホイールとは異なり、ここでは中心位置を恣意的に定義する必要があります（これについては後で説明します）（図4.10）。

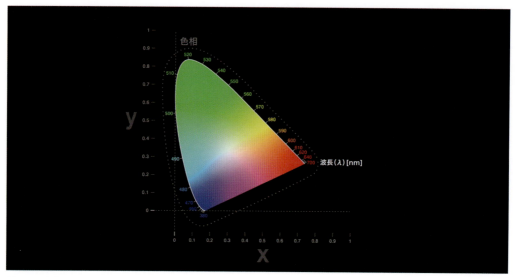

図4.10 色相

中心から端にかけては、**彩度**の概念によく似たものが見て取れますが、**スペクトル軌跡**ではこれを**純度**と呼び、単一の「純粋」な波長の優位性を意味します（図4.11）。

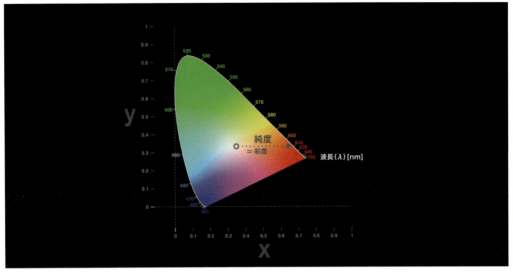

図4.11 純度

なお、純紫軌跡（マゼンタ）については、軌跡に対応する波長がないため、純度を持つことができません。一方、**彩度**はあります。違いがわかりますか？

色度図は、実際にはそれ自体が色空間ですが、単なる色空間ではありません。それは、人間の視覚との関連の中でRGB色空間を配置するために使用する参照色空間です。

次は、カラーマネジメントでよく使用する概念、**色域**（gamut）を紹介しましょう。**CIE xy色度図のスペクトル軌跡**は、可視構成内のすべての色、つまり人間が**見る**ことができる色となる波長の組み合わせを表します。**スペクトル軌跡**で囲まれた領域内にないサンプルは**色域外**になりますが、数学的には**存在する**可能性があり、人間の目には見えないだけです。これから色空間の色域について、**スペクトル軌跡**の外側の値を含めて学習していきます。よく理解しておいてください。

■ 色域

色域とは何かについて、簡単に説明しておきましょう。色域は英語で「gamut（ガマット）」と呼びますが、「gamut」という言葉は色だけを指すのではありません。辞書で調べると、「**gamutとは、定義された何かの利用可能な範囲全体**」と書かれています。つまり、端から端まで、その範囲に含まれるすべての要素を意味します。たとえば、「人間の感情のgamut（範囲）」の場合、幸福から悲しみ、怒り、恐怖、嫌悪まで、すべてがその特定のgamut（範囲）に含まれます。ここでのテーマは**色域**（color gamut）なので、**CIE**による色域の定義である、「**特定のシーン、アートワーク、写真、写真製版またはその他の複製に存在する、または特定の出力デバイスおよび／またはメディアを使用して作成できる、すべての色で構成される色空間内の体積、面積、または立体を表します**」[1]を用いる必要があります。ただし次の例では、数字だけを使用し、数学的な用語で色域を説明してみましょう。その後で色域の説明をした方がわかりやすいはずです（図4.12）。

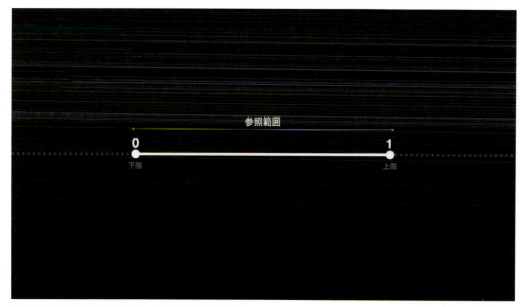

図4.12 特定の色域にコンテキストを与える参照範囲

点線は、**無限**の直線を表します。そのラインから、スケールを設定するセグメントを定義します。つまり、下限と上限を設定します。値0を最低値、値1を最高値に割り当てましょう。これが参照範囲になり、スケールが定義されます（図4.13）。

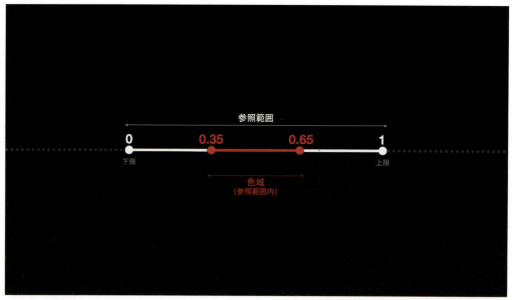

図4.13 特定の色域

スケールが決まったら、ターゲット色域の範囲を設定します。たとえば、値0.35から0.65まで、この赤いセグメントが色域になります（図4.14）。

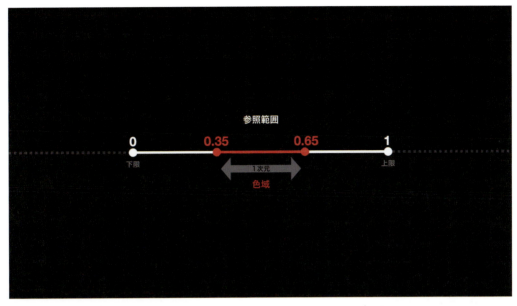

図4.14 1次元の色域

ご覧の通り、スケール参照によって指定された、定義済みの数値範囲を使用しているため、絶対値で表現され、0.35から0.65までのすべての値が色域に適合します。この例では、1次元表現、つまり単一の軸（ライン）上での数値の数列です。

ここで、注目すべき興味深い点を指摘しておきます。参照範囲と呼んでいたものについて考えてみましょう。それ自体が、最初のグレーの点線を基準とした色域ではないでしょうか？（図4.15）。

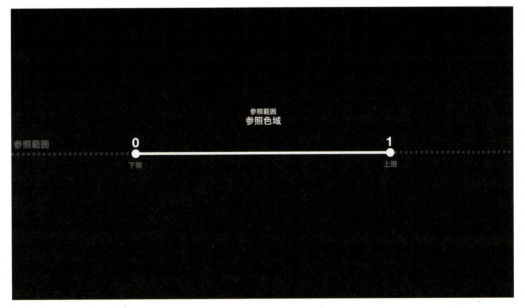

図4.15 1次元の参照色域

唯一の違いは、参照範囲である白い範囲は、点線に対して値を任意に配置したために**相対的**であったことです。一方、赤の色域は、参照範囲に定義した数値スケールを使用して、**絶対的**に定められました……そこで、白い範囲を「参照範囲」と呼ぶ代わりに、**参照色域**と呼ぶことにしましょう。このセットアップは、この後に見る色度図に関連する、色域の表現方法と非常によく似ています。ただし、現時点では1次元のみを使用しており、色度図は2次元です。そこで、2Dの色域を見てみましょう（図4.16）。

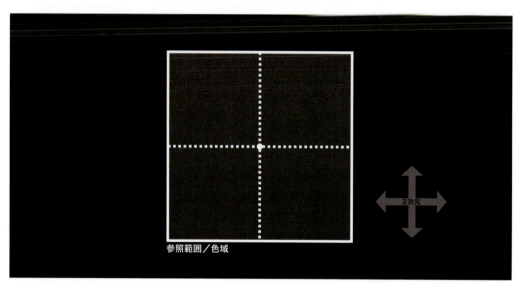

図4.16 2次元の色域

さて、**参照色域**（参照範囲）は、中心で交差する2つの軸によって定義されています。そのため、2D平面の全方向が使用可能です。色域はラインではなく、中心（0,0）を原点とする座標点によって定義される領域になります。これらの点が多角形の頂点を定め、その領域が色域です。このケースでは、多角形には3つの頂点があるので、三角形になります。つまり、この図の赤い三角形の内側にあるすべての座標が色域に属します（図4.17）。

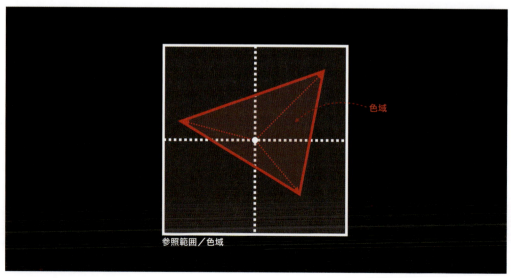

図4.17 2次元の色域

この原則を色空間に適用して、**色域**について説明しましょう。

色域は、特定のデバイスがキャプチャまたは再現できる色度図からの色を表します。これは、特定の色空間の領域になります（図4.18）。

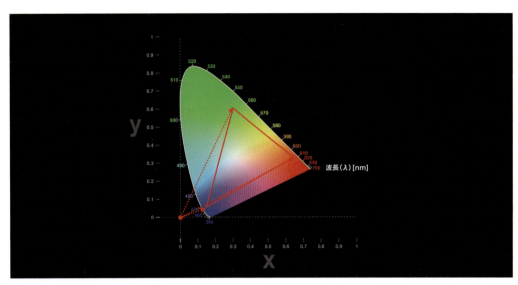

図4.18　直交座標グラフの原点からトレースされた色域

色域は3つの点で定義されます。ただし、この色域は、4番目の点を定義して、色空間の最も低い彩度の点である「中心」を設定するまでは完全ではありません。この点は**ホワイトポイント**と呼ばれるもので、後で説明します（図4.19）。

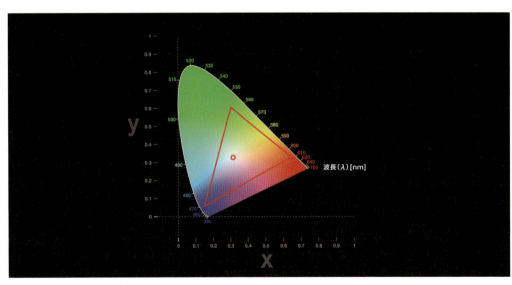

図4.19　色域とホワイトポイント

参照色域である色度図があり、色域として定義した三角形があります。なお、この三角形はスペクトル軌跡内にあるため、人間はこの色域を完全に見ることができます。

ところで参照色域は相対的な色域ですが、何に対して相対的なのでしょうか？　平均的かつ標準的な人間の視覚に対して相対的であり、そしてターゲット色域は絶対的な色域です。これは色度図によって定義された直交平面上に数学的な値でレイアウトされているためです。

簡単に言うと、色域とは、色の強度（色度と呼ばれる）を示し、色の再現範囲に制限を設定します。また、2つのことを定義します。1つは、特定の出力デバイス（モニター、テレビ、プロジェクターなど）の潜在的な色度再現能力で、もう1つは、特定の入力デバイス（カメラなど）の潜在的な色度処理能力です（図4.20）。

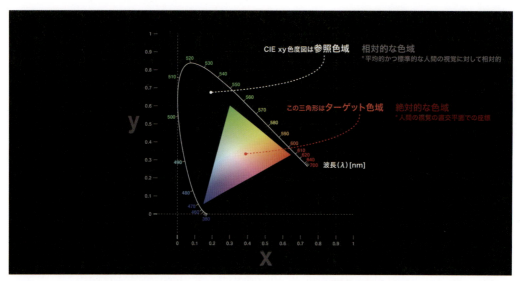

図4.20　（人間の知覚に対して）相対的かつ絶対的（図のフレームワークで定義）な色域

色域は、空間の実質的な境界を定義する、色空間の基本コンポーネントの1つです。しかし、RGB色空間についてさらに掘り下げる前に、色空間のいくつかの側面を定義する色度図について、さらに分析する必要があるでしょう。

ホワイトポイント

色空間の中心、つまり彩度が最も低い点について先ほど述べましたが、この点は白色の外観を定義します。ご存知のように、白色とはすべての色がその最大強度で現れたものです。ただし、この中心は任意です。通常、中心は特定の値の範囲内、つまりプランキアン軌跡と呼ばれる弧内に配置されます（図4.21）。

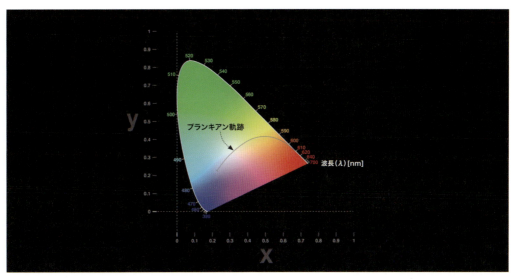

図4.21 プランキアン軌跡

プランキアン軌跡は、**スペクトル軌跡**内にあり、温度変化に応じて光る黒体の色がたどる軌跡を表します。思い出してほしいのですが、熱力学においていわゆる「黒体」は、不透明で反射しない、理想的な物体です。たとえば、針を炎で熱すると、最初は赤くなり、次にオレンジ色になり、さらに熱を加え続けると青みがかった色になります（お子さんが自宅でこれを試すときは、大人が付き添うようにしてください）（図4.22）。

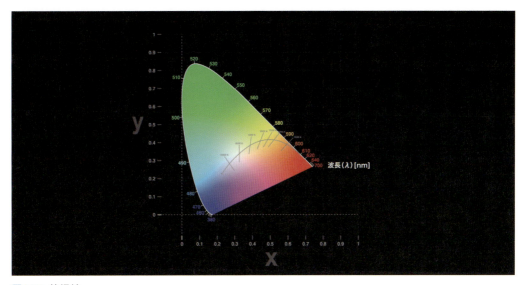

図4.22 等温線

これらのラインは、**等色温度線**と呼ばれ、同じ色温度を維持しながら、サンプルの色を変化させる方向を示します。色温度は、**ケルビン**スケールで測定されると述べました。温度が高いほど色は青みがかり、反対に低いほど赤みがかってきます。ここでは、**温度**と**マゼンタ**を使用して、色を特定する方法について説明します。

プランキアン軌跡の弧は色温度の変化を定義しますが、**等色温度線**に沿って移動すると、色温度は維持されたまま、マゼンタ成分への影響が生じます。人間はこの色温度の変化に慣れています。私たちの目は、環境に順応して理解するために、受けている光の温度を絶えず調整しているからです。つまり、**ホワイトバランス**であり、人間の知覚上の**ホワイトポイント**はそのようにして定義されますが、私たちはそれに気付くことはありません。しかし、すべての人があらゆる色の変化を同じように知覚できるようにするには、このポイントを確立して標準化する必要があります。そこでCIEは、異なるライティング条件下で白として知覚されるものを表すため、さまざまな標準を定義し始めました。**白色光**や**光源**です。RGB色空間を使用する私たちにとって、最も重要なものの1つを次に示します（図4.23）。

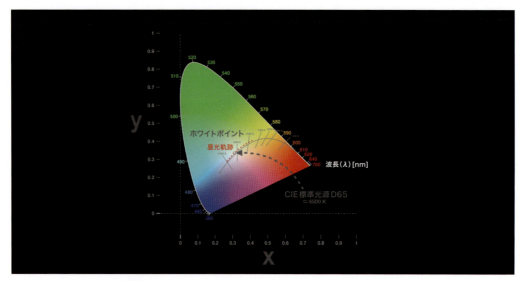

図4.23 昼光軌跡とCIE（国際照明委員会）標準光源D65

CIE標準光源D65は、約6500K（実際は6504Kに近い）にあり、**プランキアン軌跡**をわずかに上回ります。北西ヨーロッパの平均的な正午の光（直射日光と晴天の空による拡散光の両方を含む）にほぼ相当するため、昼光光源とも呼ばれています。65（6500Kを表す。ご存知の通り実際は6504K）の前にDが付いているのはそのためです。

これは、すべての**昼光光源**が位置する弧で、**昼光軌跡**と呼ばれます。

[0.31271, 0.32902] は、**色度図**における**D65光源**の座標[3]で、私たちが使用するいくつかの色空間での**ホワイトポイント**を表します。しかし、私たちに関係があるのはこれだけではなく、**D50**もあります。そのホワイトポイントは、わずかにより暖かい [0.33242, 0.34743] です。また、CIEによって標準化されていませんが、後で説明するように、特定の色空間専用に計算されたものもあります（図4.24）。

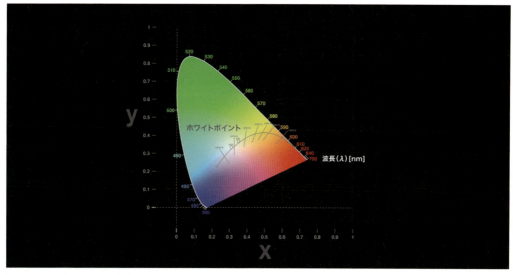

図4.24 D65およびD50光源

さて、**CIE xy色度図**と**色域**の計算方法を十分に理解したところで、次は**色空間**の基本的な特徴に焦点を当てていきましょう。

■ 原色

カメラやディスプレイは、人間の目が光と色を知覚するのと同様のプロセス、つまり錐体細胞が認識する光の波長に基づく三刺激信号（赤、緑、青（RGB））を使用して、画像を再現するように作られています。これら3つの色、つまり3つの成分を組み合わせることで、空間内のすべての色を定義することができます（図4.25）。

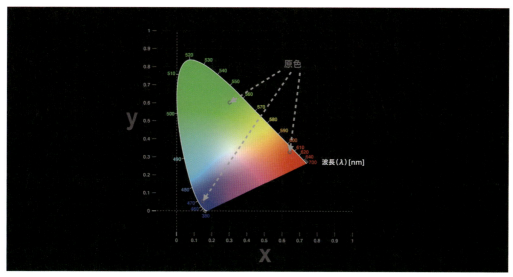

図4.25 原色

色域が形づくる三角形の3つの頂点は、R、G、Bの各成分によって表されます。これらは**原色**と呼ばれ、組み合わせて色を生成するための信号（光源）です。各原色の位置によって純度が決まり、端に近いほど、サンプルの純度が高くなります。原色が広く、互いに離れているほど、色域（「三角形」）が大きくなり、含まれる色の数が増えることを念頭に置いてください。

したがって、この図で原色を結んだ場合、結果として得られる三角形が、この特定の**色空間**の**色域**になります。**色域**がわかったら、ホワイトポイントを設定しましょう（図4.26）。

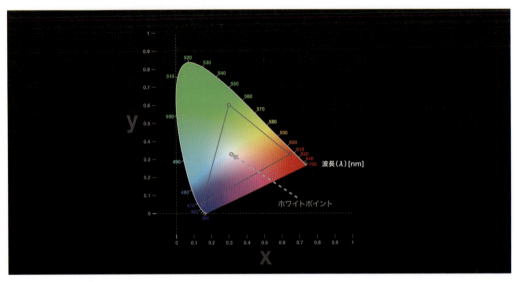

図4.26　ホワイトポイント

ホワイトポイントは、彩度が0に等しい座標です（どの原色もほかの原色に対して優勢ではないため、白色光のように見えます）。

下の図に示す色空間は、よく知られているsRGBです。**CIE xy色度図**の座標では、原色の位置は、赤は[0.6400, 0.3300]、緑は[0.3000, 0.6000]、青は[0.1500, 0.0600]です。なお、ホワイトポイントはまさに**D65**で、先ほど説明したように[0.3127, 0.3290]です。これは、現在に至るまで、世界中の大半のコンピュータモニターで使用されている色空間です。この色空間が私たちにとって非常に重要である理由は、それが業界標準だからです。sRGBは1996年、モニター、プリンター、そしてもちろんWeb向けに、HP社およびMicrosoft社によって策定されました。その後、1999年に**国際電気標準会議**によって標準化され、それ以来VFXの業界標準となっています（図4.27）。

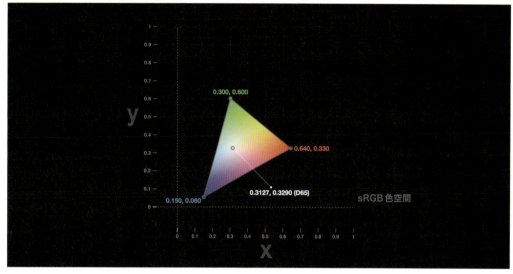

図4.27 sRGB色域とホワイトポイント

この段階で、ソフトウェアが画面に画像を表示する方法について、わかりやすく説明する必要があるのではないかと思います。このテーマについては、この章の次のセクションを参照してください。これは、抽象的な説明よりも、例を挙げた方が理解しやすいケースの1つだと思うので、その背後にある理論を、皆さんが画像操作に使用するソフトウェアに適用できるように、できるだけ一般的な説明を心がけたいと考えています。私の場合は、処理が明確に分かれているNukeを使用します。

sRGB色空間のモニターでNukeを使用している場合は、図4.28に示すように、**ビューアープロセス**を**sRGB**に設定する必要があります。

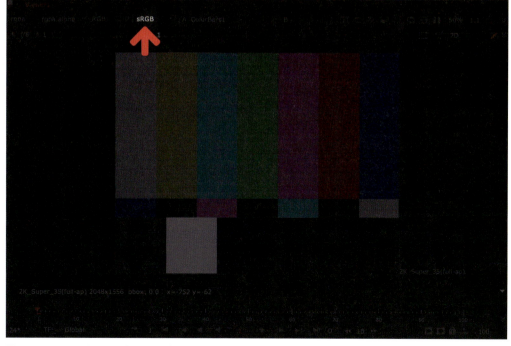

図4.28 Nukeのビューアプロセスの色空間

ただし、これはNukeがこの色空間で画像を操作するという意味ではありません。これは単にLUTに基づく変換であり、画像をソフトウェア内部のワーキングスペースから変換し、画面に正確に表示されるようにするものです。必要な補正を行うことで、カラーデータをモニターの色空間が準拠する規格の仕様に変換します。sRGBモニターの代わりに、Rec. 709色空間のHDTVなどを使用している場合は、ビューアープロセスをデフォルトのsRGBオプションではなくRec. 709に設定して、ビューアーをそのディスプレイに適応させる必要があります。簡単ですよね。これにより、「**Nukeが画像処理に使用する色空間は何だろうか？**」というまた別の疑問が浮かんできますが、個人的にはまず、**色空間**よりも、**ワーキングスペース**について考える方が興味深いと思っています。内部の**ワーキングスペース**には、ソフトウェアがその中核であるフレームワークにおいて、処理をどのように実行するかを適切に定義する仕様がまとめられています。Nukeのカラーマネジメントは、**デフォルト**[4]では、ワーキングスペースに原色セットを定義しません。代わりに、**リニアライト**と呼ばれるものを使用しますが、これについては次の章で詳しく説明します。

色空間に戻りましょう。3つの原色に基づき、ホワイトポイントによって完成する**色域**が何であるかを理解したところで、次は色空間を適合させる最後の要素、**伝達関数**について学習しましょう。

伝達関数

カラーマネジメントには、**色空間**に欠かせない部分である**関数**[5]、つまり**伝達関数**があります。**伝達関数**は、画像を色空間にエンコードするために使用されるもので、リニア三刺激の値と、画像キャプチャデバイスのノンリニア電子信号の値のマッピングを定義します。つまり、カメラ（またはその他のキャプチャデバイス）によってキャプチャされた光または露光のすべてのサンプルを色空間の適切な位置に分配します。一方で**伝達関数**は、カラーサンプルをターゲットのディスプレイデバイスに分配するデコード関数としても機能します。**伝達関数**の種類については、本コースの次の部分で説明します。このように、すべてのセンサーメーカーは、センサーのモデルごとに特定の**伝達関数**を作成して、写真を仕上げるための性能と、カメラの色の再現能力全体を最適化しています。言い換えると、センサー（またはディスプレイ）がカラーデータを分配して、色空間内に正しく配置するための能力を向上させているのです。

キャプチャデバイスの**伝達関数**は、**入力伝達**と呼ばれます。また、ご想像の通り、画像の値をターゲットディスプレイ向けに変換する**出力伝達**関数もあります。処理は同じですが、方向が逆になっています（図4.29）。

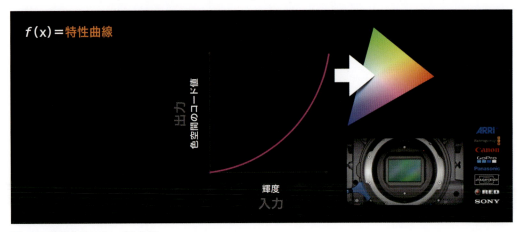

図4.29 特性曲線のサンプル曲線

ところで、カラーモデルの3つの成分すべてについて、この関数から得られる軌跡は**特性曲線**と呼ばれ、カメラが光をとらえる能力と機能、つまり特定のデジタルカメラやその他のキャプチャデバイスの特性を定義します。

伝達関数には、データに対応するために使用される数学演算に応じて、さまざまなカテゴリーがあります。**出力伝達**をグラフィックとして視覚化してみましょう（図4.30）。

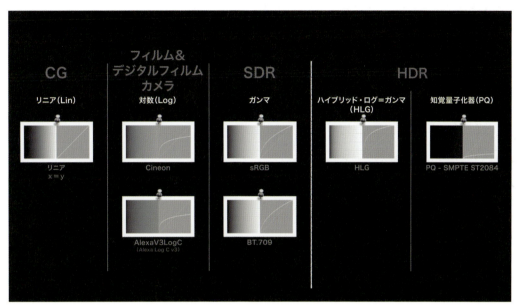

図4.30 伝達関数（EOTF）

- 1つ目は、**リニア**（lin）で、入力と出力が同じで、信号が変更されないことを意味します。特定の色空間への変換なしに「RAW」を視覚化した場合は、正規化された0から正規化された1まで、またはそれを越える、知覚的にリニアなサンプルの分布を等差数列で見ることになります。コンピュータは通常、画像をリニアで生成します。変換する電子信号を持たず、光を数学的に計算するだけだからです。数学的に完璧なリニアライトです。
- 次は、**対数**または**log**関数です。これらはカメラやフィルムスキャナーで使用され、さまざまな露光での感度やディテールの知覚との関係において、正確に光の挙動を表現します。フィルムスキャン用に開発された古典的な**Cineon**や、新しい**Alexa log C**はこのカテゴリーに含まれます。
- **ガンマ関数**は、もともとCRTモニターの補正用に開発されたもので、その後ほかのディスプレイ向けに進化しました。曲線の端点をそのまま維持し（正規化された0と1）、その間の値を再マッピングします。この関数は、コンピュータモニター向けの**sRGB**やHDTV向けの**Rec. 709**などで使用されます。**ガンマエンコーディング**と呼ばれることもあります。

上記のものは**SDR**の世界に属しています。しかし、最新のディスプレイでは、SDRモニターの通常のホワイトポイントよりも明るい値の信号を考慮した、新しいカテゴリーが加わりつつあります。より明るい白色では特別な**伝達関数**が必要になるため、次の2つのカテゴリーは**HDR**グループに分類されます。

- **ハイブリッド・ログ＝ガンマ（HLG）** は、**対数関数**と**ガンマ関数**の両方を1つの曲線に組み合わせたもので、**知覚量子化器（PQ）** は、最大10,000ニット（1ニット＝1cd/m^2（1平方メートルあたりのカンデラ））の輝度を持つHDR信号を可能にする**電子工学伝達関数**です。いずれかの関数を**Rec. 2020 プライマリ**と組み合わせて使用することは、**Rec. 2100**として標準化されています。

SDRディスプレイの**伝達関数**とHDRディスプレイの伝達関数の違いを示すために、本書の後半で学習する内容を少しだけ紹介します。これは、HDRの光レベルと**信号値**の分布の関係を示したものです（図4.31）。

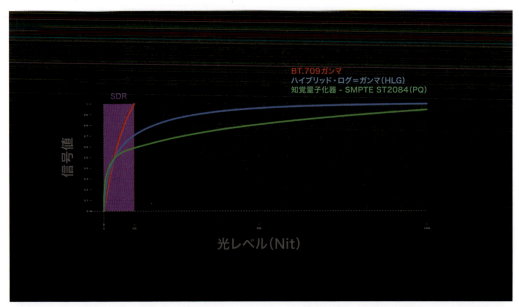

図4.31 ハイダイナミックレンジ（HRD）vs 標準ダイナミックレンジ（SDR）のEOTF（伝達関数）

これらのLUTのグループを使用すると、画像のエンコードに使用されるさまざまな**伝達関数**の概要がわかります。

ここで重要なのは、誤解を避けるために、**伝達関数**の概念を、いわゆる一般的な**ルックアップテーブル（LUT）** から切り離すことです。これらは似たような概念ではありますが、決して同じではありません。

LUTはもともとカラー処理の一部であり、特に、視覚化される画像の色空間を、異なる色空間を持つ別のディスプレイデバイスに変換する必要がある場合に使用されます。また、特定のディスプレイの色機能に基づいて画像を操作する場合は、さらに関連性が高くなります。では、次はLUTについて見ていきましょう。

ルックアップテーブル

まず、「**ルックアップテーブル（LUT）とは何でしょうか？**」これは、対応関係によって構造化された、単なるデータの配列です。辞書では単語ごとに説明があるように、LUTでは特定の入力値ごとに特定の出力値があり、コンピュータによる実行時の計算（**関数**で実際に行われる）に置き換わります。言い換えると、これは、特定の値（入力値）をピクセルごとに目的のターゲット値（出力）に変換する命令のリストです。色に関しては、**再マッピング**と呼ばれる処理で、入力カラー値をほかの出力カラー値に変換します。LUTには、関数で事前に算出した値を配列に格納することも、任意の値を配列に格納することもでき、コンピュータは画像の各ピクセルの値を読み取って、再割り当てするだけです。つまり、**伝達関数**は特定のタイプのLUTの

ソースになり得ますが、すべてのLUTが**伝達関数**であるわけではありません。たとえば、ある色空間から別の色空間に変換することを目的としたLUTもあれば、単に「クリエイティブなルック」を適用するものもあります。また、任意の用途のために、画像内の各ピクセルの特定の値の対応に基づいて、色の「固定変換」を行うものもあります。

事前に計算されたLUTと、そのソースとなる関数という、2つの簡単な例を見てみましょう。これにより、LUTの特殊な側面、つまり結果の値間のリニア補間について論じることができます（図4.32）。

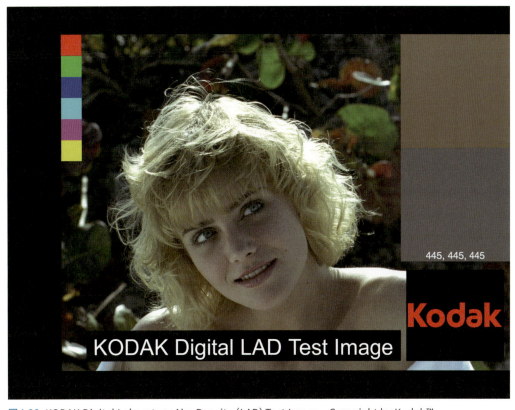

図4.32 KODAK Digital Laboratory Aim Density (LAD) Test Image。Copyright by Kodak™

これはRGB画像です。ここでのRGBは単にカラー画像を指していますが、先に進む前に、この「若い女性」を紹介しましょう。彼女はマーシー・ライン（Marcy Rylan）。この画像は目にしたことがあるはずです。この画像はポストプロダクション業界では非常に有名で、正式な名称は**Laboratory Aim Density (LAD) Test Image**です。メーカーは、このキャリブレーションされたデータセットの目的を次のように説明しています。「**KODAK Digital LAD Test Image**は、適切に露光されたデジタルネガを作成できるようデジタルフィルムレコーダーをセットアップしたり、それらのネガから満足のいくプリントを作成することを支援するデジタル画像です。」[6] 画像は親しみを込めてマーシーと呼ばれ、ディスプレイシステム内のほぼすべてのキャリブレーションをテストするために広く使用されています。特定の画像シーケンスの色の側面をテストする場合は、テスト用にクリップの先頭にマーシーを配置します。KODAK Digital LAD Test Imageの詳細や仕様について詳しく知りたい場合や、**DPX**や**Cineon**で利用可能な画像をダウンロードしたい場合は、KodakのWebサイトから無料で入手できる**KODAK Publication No. H-387**を参照してください[7]。

マーシーについて理解できたら、次は3チャンネルの成分すべてに1つの配列を適用します。RGBの値の対応は同じです。つまり、**ルックアップテーブル**は**1D LUT**で、1つの曲線だけで全チャンネルの処理を表します。

最も暗い正規化された0から最も明るい正規化された1まで、画像のすべての輝度値をレイアウトします(0から1023の範囲の10ビットとされる値を使用するよりも、計算がはるかに簡単になります)。LUTを視覚化するために、グラフで表現してみましょう(図4.33)。

図4.33 1Dルックアップテーブル(LUT)レイアウト(入力値と出力値の相関)

そうです、また直交平面です。両方の軸には、0から1までの等差数列で配置された、同じスケールの数値があります。水平軸の**x**は**入力**、つまり元の値を表し、垂直軸の**y**は**出力**、つまりLUTが適用されて処理された画像の結果の値です。入力データでは、ソース画像ファイルに書き込まれた元の値が完全に正規化されていますが、最高値はビット深度で許可された最大値を超えられないことに注意してください。言い換えると、たとえば10ビット画像では、正規化された値1が元の最大値であり、10ビットの値1023に対応するため、2000などの値は存在せず、書き込むこともできません。そのため、入力は0から1(最大の「正規化された」値)になります。ただし、出力はまた別の話です。正規化された1を超える対応関係を作成して(ちなみにこれは**log**などの特定のファイル形式ではかなり一般的で、広く使用されています)、sRGBモニターに関連する最も暗い黒と最も明るい白を表現できます。**y**軸の正規化は、8ビットの**sRGB**色空間で表示できる値の範囲を指します。つまり、入力値が1を超えるLUTはないということでしょうか。ええ、そうです。0より小さい値も扱いません。しかし、そうしたLUTはより「クリエイティブ」な目的で使用されるものです。ここでは、特定の色空間内でカラー値を再マッピングして適切に分配するためのLUTと**伝達関数**に注目したいのです。以下の例で想定するのは、正規化されたディスプレイの出力輝度に対する、名目上のRAW画像のビット深度の色の位置(ビットの組み合わせ)となります。なお、これは単なる例にすぎません。重要なのは、対応関係と補間について理解することです。いずれにせよ、厳密に言えばすべてのLUTの挙動は同じで、入力値が出力値に再マッピングされます。それだけのことです。

最初の例は、事前計算されたリニアの配列です（図4.34）。

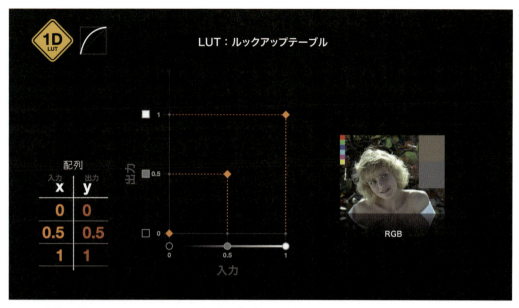

図4.34 最初の例での1Dルックアップテーブル（LUT）の3つの値

以下に値が示されています。この例のLUTには3つのキーしかないため、残りの値はコンピュータによってキー値間でリニアに補間されます。

グラフで最初の配列を見つけてみましょう。入力値0の**ブラックポイント**は、y軸では値0になります。つまり、元の位置のままです。次の入力値0.5（中間点）は、垂直軸の中央である0.5に上がります。値1の**ホワイトポイント**は、出力値1にマッピングされます。ご覧の通り、これは同じレベルの白です。したがって、これらの点をつなげると、次のようになります（図4.35）。

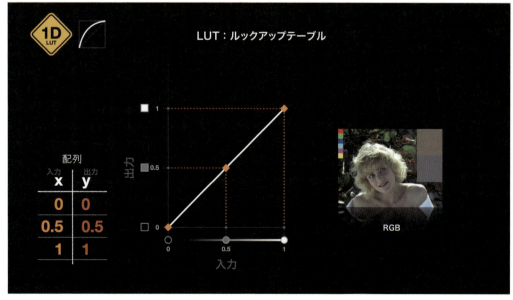

図4.35 最初の例での1Dルックアップテーブル（LUT）のリニア補間された値

入力と出力の間はリニアの等差数列となっており、要するに、画像は同じままです。こうしたLUTは「レスト」と呼び、適用されている画像を変更しません。つまり、何もしないということです。これが起きるのは、**リニア色空間**を持つ画像が同じ**リニア**ワークスペースに取り込まれた場合です。画像はすでにリニアであるため、画像をリニアにするのに変換は必要ありません。

▶ 精度と補間

LUTの精度は、事前に計算された配列のキーの数によって変わります。8ビットLUTでは、最大256のキーがあるため、8ビット画像ではすべての可能な値が事前計算されることになりますが、同じ8ビットLUTを10ビット画像（1024の値）に適用する場合、事前計算される値は4分の1だけで、残りはリニア補間されるため、精度が低下します。つまり、一方では、高速計算オプションである**配列**があり、もう一方では、適用される画像のビット深度に関係なく、すべての値に対して数学的に正確な式（**関数**）がありますが、事前計算された変換とは異なり、実行時に（オンザフライで）適用する必要があります。

この例で2つの方法の違いを見てみましょう（図4.36）。

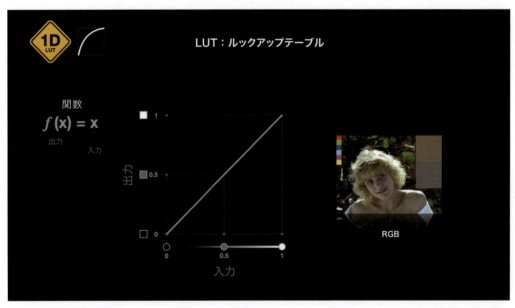

図4.36 最初の例の関数

この**リニア**LUTの数学関数は、「xの関数fはxに等しい」です。したがって、座標は[x, $f(x)$]（xの関数）であり、$f(x)$はyに等しく、このケースでは$f(x) = y$となります。これはすべての入力値を意味し、等号の後に続くのは、すべての指定した入力値の結果の値、つまり出力（この場合はy）の値を計算する式です。このため、出力が入力に等しいこの式を適用すると、結果はこのようになります。

先ほどと同じように、配列に対して事前計算した値と、結果の画像によって結果が前と同じだと確認できます。これが**リニアLUT**です。

もっと興味深く、複雑な例を見てみましょう。

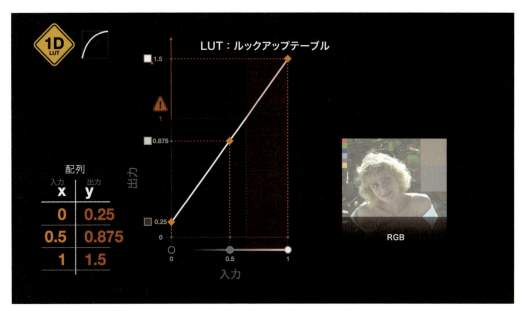

図4.37 2つ目の例での1Dルックアップテーブル（LUT）のリニア補間された値

引き続き1D LUTを使用します。値を配置しましょう（図4.37）。入力0で、**ブラックポイント**は0.25まで上がります。これは、結果の画像の最も暗い黒は、このグレー、いわゆる「ミルキー」なブラックポイントになることを意味します。次に、中間点の0.5は0.875まで上がります。つまり、中間の輝度は非常に明るくなるということです。そして、元の値1、つまり入力の最も明るい値は出力値1を超え、ちょうど値1.5になります。これは**スーパーホワイト**[8]領域となり、このモニターでは表示できない値です。**8ビット sRGB**モニターでは、出力値1と同等またはそれ以上のすべての値とともに、値1として再現されます。結果の画像を見てみましょう。黒は非常に明るくミルキーで、ハイライトはモニターでは単なる白として表示されますが、皆さんご存知のように、これらの明るい領域にもデータがあります（自分の目ではなく、値を信用しましょう）。したがって、ファイルに書き込まれた元のデータにこのLUTを関連付けることは、実のところ、値1を超える明るい領域を表現する正規化された値を格納し、なおかつ含まれるビット深度でエンコードするための優れた方法であると言えます。ビット深度という用語はよく耳にしていても、特定の**伝達関数**に対するLUTと人間の知覚との関係において、なぜそれが非常に重要なのかがよくわからないという方もいるでしょう。でも心配はいりません。後で詳しく説明します。では、その事前計算された配列を定義した関数を見てみましょう（図4.38）。

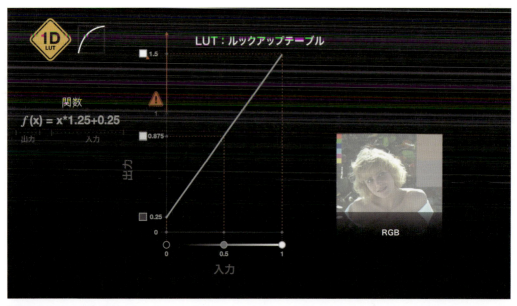

図4.38 2つ目の例の関数

ご覧の通り、**関数**の式はまったく異なっています。ここでは、*x*として表される入力値を受け取り、それに1.25を掛けた後、(学校で習ったように、乗算の後に) 0.25を加算しています。関数は、$f(x) = x \times 1.25 + 0.25$ となります。結果はLUTと同じになります。この関数は、値間のリニア補間と一致する等差数列を表すからです (つまり、隣接する値の差が等しい)。ただし、次の例では状況はより複雑です (図4.39)。

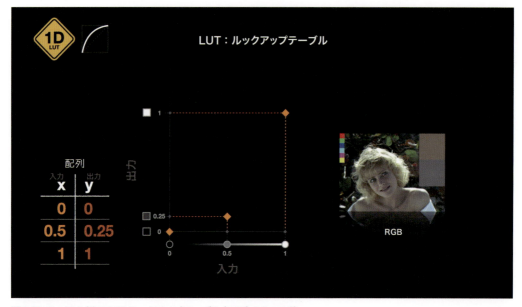

図4.39 3つ目の例での3DルックアップテーブルZ(LUT)の3つの値

この例では、かなり違った数列となっています。0は変更なしで、0.5は0.25まで上がって中間調がより暗く表示され、値1も変更されません (図4.40)。

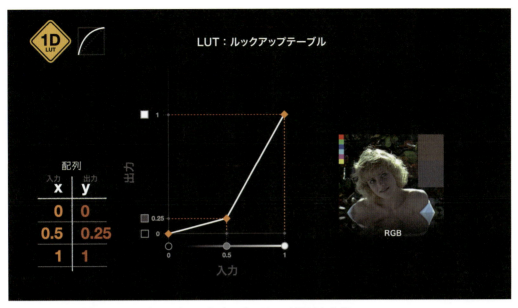

図4.40 3つ目の例での1Dルックアップテーブル（LUT）のリニア補間された値

結果を補間すると、ラインは「途切れ」、「連続していない」ように見え（まったく滑らかな曲線ではありません）、前の例のような連続した直線ではないことがわかります。これは、値の前半のコントラストの遷移と、出力の後半のコントラストの遷移が異なっていることを意味し（どちらも遷移の量は一定ですが、傾きが異なります）[9]、「物理的に妥当」には見えません。ここでリニア補間が機能していないのは、LUTを埋めるのに十分な**密度**のデータがないから、つまり、配列内のキーの数があまりに少ないからです。そこで、ポイント数が限られた、事前に計算済みのLUTを使用する代わりに、3つのポイントを生成するために使用した**関数**に目を向けてみましょう（図4.41）。

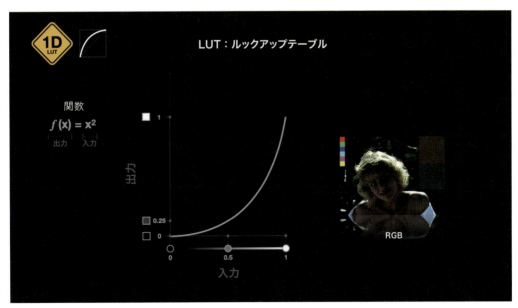

図4.41 3つ目の例の関数

この関数は、xの累乗関数、つまり$f(x) = x^2$なので、結果はリニアではなく指数関数的です。もはや直線ではなく、曲線です。図4.41の結果の画像をご覧ください。「中間調」、つまり1未満かつ0を超える値が最も変化し、その両端は変化していません。マーシーの画像のカラーチップが同じままであるのは、それらが各RGBチャンネルで値1または0のいずれかであるからです。この関数を適用すると、値0と値1は常に変化しません[10]。

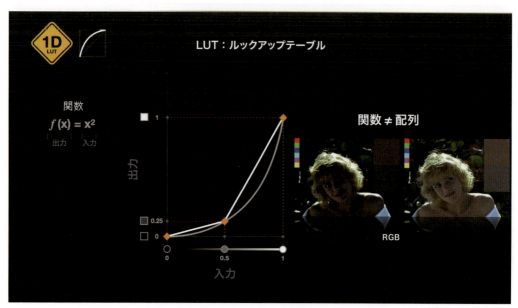

図4.42 3つ目の例での1Dルックアップテーブル（LUT）のリニア補間された値 vs 関数

図4.42は、LUT配列と関数のグラフ表現を重ねたものです。かなり違いますよね。

では、「**この曲線の結果を配列にベイクする（事前計算する）にはどうすればよいでしょうか？**」良い質問ですね。なぜなら、画像のターゲットビット深度で利用可能なすべての値について、事前に計算したキーを含むLUT配列を取得する必要があるからです。つまり、8ビット画像の場合は256のキーとそれぞれの値、10ビット画像の場合は1024のキーとそれぞれの値、という具合です。LUTを単純に関数で表現することで、大量のデータの読み書きを回避できるかもしれません（32ビットLUTを想像してみてください）。そのうえ、関数はどのビット深度でも使えます。3D LUTの配列を取得する場合、チャンネルごとに配列（または関数）があるため、影響は大きいでしょう。3Dの立方体のように、3次元空間の3つの軸はそれぞれ色を表すので、RGBの各成分が独自の配列または関数を持つことになります（図4.43）。

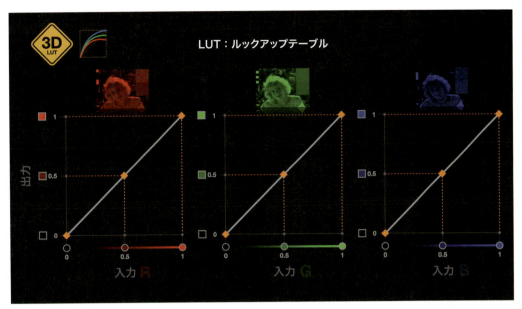

図4.43 各RGBの独立した変換を示す3Dルックアップテーブル（LUT）

これは、別の3D色変換をLUTで示したものです。前に述べたように、LUTは、特定のクリエイティブなルックを定義したり、任意の種類のプライマリ色変換を適用するのにも使用できます。ちなみに、**プライマリ色変換**とは、すべてのピクセルに適用される色変換を指し、特定の基準（マスク、輝度または彩度の範囲、または画像の領域を選択するその他の識別プロセスなど）に基づいて分離されたピクセルグループのみに色操作を適用する**セカンダリ色変換**とは対照的です。つまりLUTは、画像内のすべてのピクセルに指定した値を再マップすることをベースとした、固定のカラー変換であり、さまざまな目的に使用されます（図4.44）。

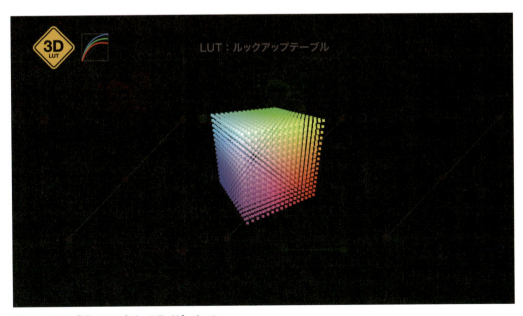

図4.44 RGB成分の3Dビジュアライゼーション

126   第4章：色空間を理解する

ここで、従来からの色の管理方法、つまりLUTを適用してある色空間から別の色空間に変換する（色変換とも呼ばれる）方法を理解するために、もう一度時間をさかのぼる必要があると思います。こうすることで、なぜ変換が必要なのかが見えてくるはずです。気を引き締めて臨みましょう。

■ ディスプレイ参照のワークフロー

「色変換の旅の（かなり簡略化した）略史」へようこそ。すぐに「問題点」が見えてくるでしょう。そうでない場合でも、最後に示すイラストを見れば要点をつかめるはずです。

最初に誕生したのはフィルムカメラで、ネガフィルムで撮影していました。ネガフィルムを現像してポジに変換すれば、光を当てるだけで、映画を上映できました。プロセス全体がアナログで、フィルムと化学処理からなり、問題はどこにもありませんでした。

しかし、映画をテレビで放送しようとすれば、フィルムを電子信号に変換する必要があり、その処理には**テレシネ**（ネガに光に当ててテープに読み取る、実質的なビデオカメラ）が使用されました。つまり、磁気テープは依然としてアナログであり、いくつかの理由で完璧ではありませんでしたが、それでも大きな問題にはなりませんでした。

しかし、パソコンが普及し始めると、CRTモニターも使われるようになりました。ちなみに、CRTは**ブラウン管**を意味し、当時のテレビとほぼ同じ技術だったため、テレビとPCの画像処理能力はほとんど同じでした。つまり、すべての画像ドキュメントは、ある程度の正確さでCRTモニターで視覚化するには、ソフトウェアによる補正が必要だったということです。ここで「ある程度」と言ったのは、すべてのCRTモニターは色の標準基準なしに製造されており、ソフトウェアごとに独自の方法で色を表現していたからです。

その後、コンピュータとモニターが進化し、最終的にすべてが新たに確立された**sRGB**色空間に準拠するようになりました（やった！）。モニターおよびソフトウェアが色の点で揃えられ、画像が正確に表示され、画像で埋め尽くされたWebサイトも超低速インターネットで閲覧できるようになりました。一方で（まだ90年代の話です）、フィルムスキャナーが発明され、**デジタルインターミディエイト**が誕生しました。これが初めて使われたのは、ウォルト・ディズニーの1937年の名作「**白雪姫**」（原題：Snow White and the Seven Dwarfs）をデジタルで復元およびリマスターすることでした。このプロセスは**DI**とも呼ばれ、オリジナルのネガをスキャンして、美しい10ビットのCineonファイルシーケンスに変換します。これは、インターネットで猫の動画を見るときに使われる8ビットのsRGBよりも高いビット深度です。スキャン後はすべてデジタルで処理しますが、最後に、配給向けにフィルムストリップに再度プリントします。従来と同じく、映写はアナログだからです。つまり、デジタル部分はちょうど中間（つまり**インターミディエイト**）にあたります。デジタルプロジェクターの品質が上がり、手頃な価格で広く使用されるようになるまでは、これが一般的でした（ジェームズ キャメロン（James Cameron）監督の「**アバター**」（原題：Avatar）による立体映画ブームがデジタル上映の普及を後押ししたことは言うまでもないでしょう）。**デジタルシネマ**によって、配給チェーンのルールも変わりました。フィルムロールを運ぶ必要がなくなったのです。新しい**デジタルシネマパッケージ**はインターネット経由で伝送されます。映画は完全にデジタル化されたのです。しかし、デジタルカメラが登場するまでは、依然として**エンドツーエンド**ではありませんでした。ネガフィルムをスキャンする必要はなくなりましたが、デジタルカメラからの画像は、一貫したワークフローを維持するために、フィルムスキャンに使用したのと同じCineonファイルシーケンスに変換されました。

その後、テレビはデジタル化され、環境に優しいとは言えないブラウン管テレビは液晶（LCD）テレビに置き換わりましたが、デジタルへの移行期には、ブラウン管テレビがもともと抱えていた画像表現の「不具合」と同じものを、デジタルテレビのソフトウェア内に組み込まなければなりませんでした。そうすることで、古くて粗悪なシステムで表現できる同じ補正済みの信号を誰でも見ることができたのです。この問題は、液晶テレビに本来存在していたものではありませんが、互換性のために組み込む必要があったのです。一貫性を保つには賢いやり方ですが、その他の面では頭痛の種でもありました。そして、テレビがデジタル化されてから、つまりテレビ内にコンピュータが組み込まれて以来、テレビのコンテンツはコンピュータと同じ速度で進化し始めました。瞬く間に、**標準解像度**（古いNTSCやPALシステムを覚えていますか？）から、統一された**高解像度**（720p、1080i、1080pの3バージョン）の新世界へと移行しました。しかし、それらの色空間はすべて同じで、コンピュータに使用されるsRGBの調整バージョンでした。このテレビ用の色空間は、**国際電気通信連合**の勧告に基づいて標準化されたもので、HDTVの標準になりました。Recommendation number 709またはITU-R BT.709が、この標準の正式な呼び方ですが、長くて複雑なので、Rec. 709と呼ぶことにしましょう。Rec. 709は原色と**ホワイトポイント**がsRGBと同じですが、**ガンマエンコーディング**（その伝達関数）にはわずかな変更が加えられ、新しく登場したデバイスで、優れた色品質で画像を表示します。

しかし、より高い解像度、より広い色空間、より高いビット深度を実現できるのに、なぜここで進化を止めるのでしょうか？　コンピュータの性能が向上し、価格はより手頃になり、テクノロジーの進化と画質の追求は止まるところを知らず、今や**4K HDR UHD TV**が実現されています。しかし、ちょうどトレンドが「**大きいほど良い**」で、市場が大きいスクリーンと強力なプロジェクターの製造に注力していたとき、人々はスマートフォンやタブレットでコンテンツを視聴することに決めました。**携帯性** vs **大画面**という、デバイスをめぐる戦争の始まりです。

そのため、かつて**デジタルインターミディエイト**と呼ばれていたプロセスは、大幅に複雑化しました。ソースがまったく異なる要素を扱うようになったからです。同じsRGBモニターで処理するために視覚化する必要がありましたが、コンピュータモニターと同じ機能を持つディスプレイや、より優れたスクリーンに配信するためには、視覚化できない色、ビット深度、ダイナミックレンジをどのように操作すればよいのでしょうか？もうお分かりですね、その通り！　LUTを使います。画像が生成された場所と転送先に応じて、デバイスから別のデバイスへと変換していくわけです。そう、たくさんのLUTを使うことになります。また、プロジェクトが完了し、最終納品のマスターがアーカイブされた何年か後、ディスプレイがさらに改良されたらどうなるのでしょうか？　時間とお金を投入した貴重な素材は、時代遅れの画像になってしまいます。この混乱の元をたどれば、ある1つの問題に集約されます。それはつまり、「**コンテンツが画面上で正しく表示されるようにするすべての補正とはすなわち、各ディスプレイに適応するよう実際の画像データを変更する**」ことです。テクノロジーが変わった途端、その新しいテクノロジー（つまりディスプレイ）に適応するために、必ずファイルを変更しなければならないのです（図4.45）。

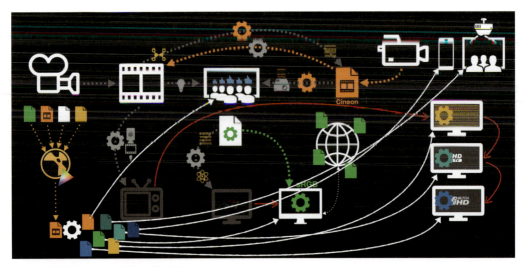

図4.45 簡潔に示した色変換の旅の略史

これは、**ディスプレイ参照ワークフロー**と呼ばれています。ただし、別の方法もあります。**シーン参照**と呼ばれるものです。早速見てみましょう。

■ シーン参照ワークフロー

では、**シーン参照ワークフロー**が実際にどのように機能するかを見てみましょう。まず、マスターの色空間を選択します。これは、取り込むファイルのすべての色域を含むのに十分な広さがあり、最近ではHDR対応が必須なので、この点も考慮する必要があります（図4.46）。

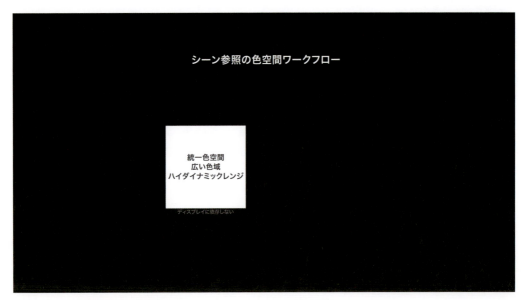

図4.46 シーン参照の統一色空間

統一色空間はディスプレイに依存しません。カラーデータの数学的なコンテナ、つまりワークスペースにすぎません。これでフッテージを取り込む準備が整いました（図4.47）。

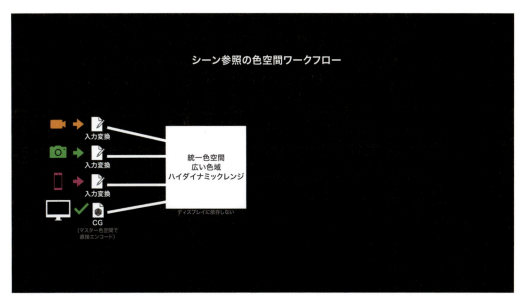

図4.47 入力変換により、シーン参照の統一色空間にインポートされるフッテージとCG

入力変換を適用して、各デバイスからの**RAWのビデオデータ**や**ソース素材**を**統一色空間**に変換する必要があります。なお、CGはレンダリングすると、そのカラー値をターゲットの**統一色空間**に直接エンコードできることに注意してください（カラー値を別の色空間から変換する必要はありません）。ただし、そうでない場合でも、厳密に言えば推奨されませんが、CGのカラー値をターゲットの**統一色空間**にいつでも変換可能です。たとえば、単に変換LUTを使用して、別の色空間でレンダリング済みの場合などです。重要なのは、**統一色空間**に直接レンダリングできる場合は、余計な変換を行わないことです。実際の例を見ていただけるよう、別のセクションでNukeの色変換について説明します。これで、すべてが同じ統一色空間にあり、すべて同じルールに従うようになります。つまり、**同じ色域**、**同じホワイトポイント**、**同じ伝達関数**です。この最後の関数は、算術演算とカラー操作を容易にするため、**リニア**であることが求められますが、これについては後で説明します。

異なるソースからのすべてのフッテージが同じ色域内にあるといっても、その色域全体をカバーする必要はないことに留意してください。たとえば、iPhoneで録画したビデオには、ARRI Alexaなどで撮影したフッテージと比べると、マスターの色域内のより小さい領域が割り当てられます。カラーデータを広い色空間に配置しても、ソース画像の元の品質が変わることはなく、それらの色の「アドレス」のみが変わります。わかりやすく言うと、画像の元の色の能力は、良くなることも、悪くなることもありません。同じマスターの統一色空間内に共存することで、すべてのカラー値の位置が、全画像ソースとの関連において決まります。すべての色が、ソースに関係なく同じように動作します。このように、すべての画像を1つの色空間に配置する処理によって、色の扱いがどのキャプチャデバイスでも同じになり、特別なルールは必要なくなるのです。これは、異なるビット深度を持つ画像を扱う際に、Nuke内で起きることと似ています。Nukeワークスペース内で処理されるすべての画像は、元のソースのビット深度に関係なく、自動的に32ビット浮動小数点に変換されるため、ビット深度を揃えることなく画像をミックスできます。これがNukeワークスペースのもう1つの機能です。つまり、アーティストは、このマスター色空間のルールに従う外部ファイルのルックを、

統一色空間の任意の画像に適用できるというわけです。この時点においては、画像に対するすべての色変換は、前述のiPhone画像であれ、ARRI Alexa画像であれ、同じように動作します（各ソースにおける機能は損なわれませんが、色操作の点では、すべて同じように動作します）（図4.48）。

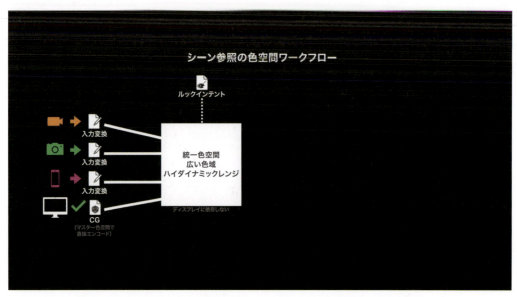

図4.48 シーン参照の統一色空間のルールを使用して、ルックインテントを色変換として保存

マスターフッテージのデータは、ルックインテントとともにすべて保存されるため、フッテージがほかの部門に渡されるときも、全員が同じものを画面上で見ることになります。また、同じ色空間のフッテージにアクセスできるため、クリエイティブなルックインテントを常に保つことができます（図4.49）。

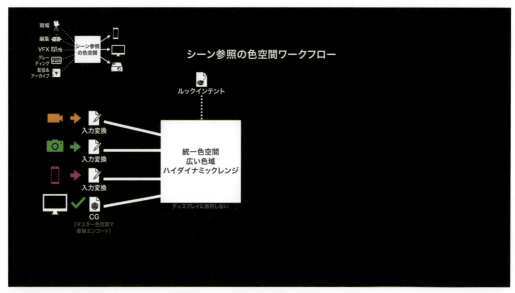

図4.49 すべての部門が共通の統一色空間をシーン参照で使用

たとえば、私たちVFX部門が、Nukeでフッテージを読み込み、合成を視覚化するのに使用するモニターやプロジェクター、テレビに応じた適切な**ディスプレイ変換**をビューアに適用し、そのビューアに、この

ショットに定義されたルックインテントを適用すると、映画制作者が意図した通りの画像を画面に表示することができますが、フッテージ自体には変更は加えられません。**ビューア**に視覚化用の補正を適用しただけで、データは同じままです（図4.50）。

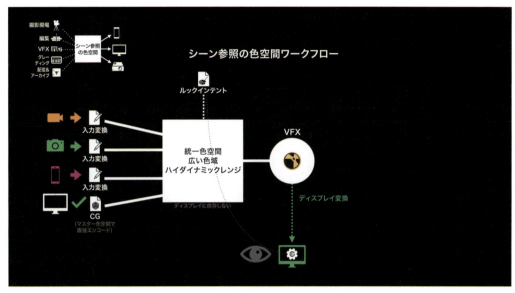

図4.50 ビジュアルエフェクト（VFX）とシーン参照の統一色空間との関係

VFXが作業を完成させた後は、すべてが**DI（デジタルインターミディエイト）**に移動します（プロセス全体がデジタル化され、単なる中間段階ではなくなった現在でも、昔の名残でそのように呼ばれています）。そこでは、**ルックインテント**を考慮しながら最終的なグレーディングが適用され、グレーディング処理の後、独自の色空間と機能を持つ目的のディスプレイデバイスごとに**ディスプレイ変換**が適用されます（図4.51）。

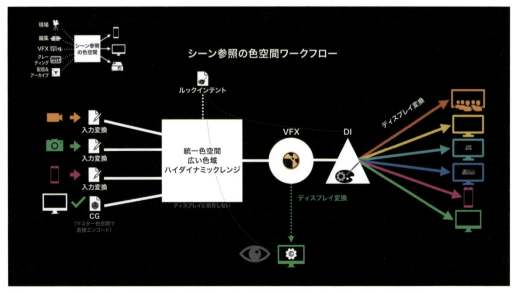

図4.51 シーン参照の統一色空間からDIがディスプレイ変換を適用し、各ディスプレイに配信

もちろん、特定の狭い色空間に変換する場合は、その目的の色空間に合わせてグレーディングを微調整する必要があります。たとえば、ピクサーのカラリストであるマーク・ディニコラ（Mark Dinicola）は、映画「カーズ」（原題：Cars、ジョン・ラセター（John Lasseter）監督、2006年）の制作時、主人公の**ライトニング・マックィーン**のグレーディングを調整する必要がありました。映画版とテレビ版では、各**色域**の**原色**が異なり、クルマの光沢は純粋な赤だったおかげで、ライトニング・マックィーンの見え方がかなり違っていたからです。グレーディングが完了し、すべての納品ファイルができたら、次はアーカイブです。マスターは**シーン参照の統一色空間**でコレクションされ、グレーディングセッション（作品全体の色補正）は色変換情報として保存されるため、将来いつでも戻ってすべてを復元し、まだ発明されていないデバイスにも配信可能です。つまり、このワークフローなら将来に対応できるわけです（図4.52）。

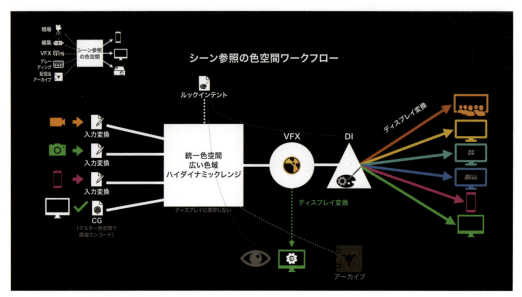

図4.52 シーン参照の色空間のワークフロー

ご覧のように、ここではフッテージに対して色変換が2回だけ行われています。1回目は最初で、2回目は最後（各ディスプレイへの配信用）です。中間プロセスでは視覚化用の変換は行われますが、色空間の変換という点では、パイプライン全体を通してフッテージは同じままです。

ディスプレイ参照ワークフローvsシーン参照ワークフロー

基本的に、**ディスプレイ参照**と**シーン参照**の色空間ワークフローの主な違いは、以下の通りです（図4.53）。

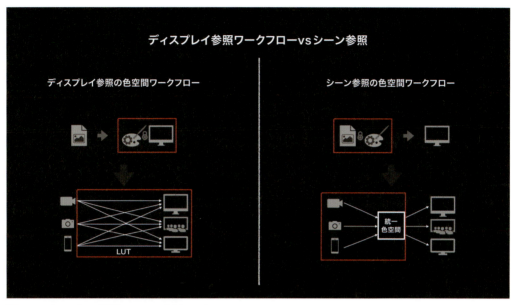

図4.53 ディスプレイ参照vsシーン参照ワークフロー

ディスプレイ参照では、フッテージがあり、それが正確に表示されるようディスプレイとの関係で色変換が適用され、ディスプレイが変わるたびにフッテージが変更されます。一方、シーン参照では、フッテージとの関係で色変換が一度適用され、どのディスプレイにも依存しません。

その結果、**ディスプレイ参照**では、ある色空間から別の色空間に色を変換するための**ルックアップテーブル（LUT）**をディスプレイごとに、すべてのフッテージに対して適用する必要があります。多くの変換が行われことになり、不一致や人為的エラーが発生するリスクが高くなります。一方、**シーン参照**では、すべてのフッテージをマスター色空間に変換し、フッテージの視覚化をターゲットディスプレイに合わせて調整するだけです。これにより、プロセス全体が簡素化され、パイプライン全体でフッテージを損なうことなく、全員が同じデータを扱えるようになります。

■ RGB色空間の主な要素

最後に、RGB色空間の3つの主な要素を紹介します。

- **色空間**の**色域**を定義する3つの**原色**、つまり三角形の頂点です。
- **ホワイトポイント**は、最も低いの色の強度、最小の彩度、または単純に私たちが**白**として知覚するポイントです。
- **伝達関数**は、リニア三刺激の値とノンリニア電子信号の値の間のマッピング、つまり色空間内のカラーサンプルデータの分布を定義します（図4.54）。

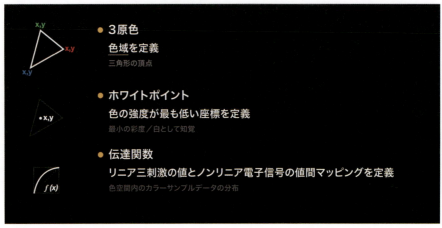

図4.54 RGB色空間の主な要素

注釈

1 CIE（2020年12月）。「**color gamut**」（IEC 60050 – International Electrotechnical Vocabulary）、https://www.electropedia.org/iev/iev.nsf/display?openform&ievref=845-32-007より。

2 Nukeには温度とマゼンタのカラーコントロールがあるため、一方のスライダーを動かしても、もう一方の特性は保持されます。カラースライダーのセットは、**温度（Temperature）**、**マゼンタ（Magenta）**、**強度（Intensity）**（TMI）として知られています。

3 座標のタプルを読み慣れていない方がいるかもしれません。数値は [*x, y*] の形式で解釈します。つまり、座標のセット全体が角括弧「**[ ]**」で定義され、セットの各コンポーネントはカンマで区切られます。このケースでは2つのコンポーネントがあるため、**タプル**と呼ばれます。1つのコンポーネントは水平軸上の位置を、もう1つは垂直軸上の位置を表します。2D座標のタプルでは、最初（カンマの前）の数値は *x* 軸（水平）上の位置を表し、2番目（カンマの後）の数値は *y* 軸（垂直）上のポイントの位置を表します。**トリプル**（タプルに似ているが、2つではなく3つの座標）の場合、点の3D位置が定義され、読み取り順序は [*x, y, z*] になります。

4 「**デフォルト**」とは、変更できるものの、この選択が標準のオプションであることを意味します。たとえばNukeでは、デフォルトの独自のカラーマネジメントオプション（このセクションで説明しています）または **OCIO** オプション（本書の後半で説明します）を使用できます。

5 **関数**：数学では、集合 *x* から集合 *y* への関数は、*x* の各要素を *y* の1つの要素に割り当てます。集合 *x* は関数の**ドメイン**と呼ばれ、集合 *y* は関数の**コドメイン**と呼ばれます。関数は、すべてのペアリング [*x, f（x）*] の集合によって一意に表されます。これは**関数のグラフ**と呼ばれ、関数を視覚化する一般的な方法です。**ドメイン**と**コドメイン**が**実数**の集合である場合、各ペアは平面上の点の直交座標と考えることができます。

6 「**KODAK Digital LAD Test Image**」KODAK Publication No. H-387

7 [Publication] Kodak（2022）。「**Laboratory Tools and Techniques**」2022年12月4日、https://www.kodak.com/en/motion/page/laboratory-tools-and-techniquesより。

8 **スーパーホワイト**：正規化された値1を越える輝度値。

9 「**コントラストの遷移**」とは、ラインの傾斜角度（**勾配**）を指しています。

10 $0^2 = 0$、底がゼロである場合、ゼロ以外の指数で乗じた結果は常にゼロです。また $1^2 = 1$ で、底が1の場合、ゼロ以外の指数で乗じた結果は常に1になります。

136   第 4 章：色空間を理解する

Section III

ハイダイナミックレンジ（HDR）

5

シーンとディスプレイの色空間

これまでの章では、色空間を構成する要素や原色の操作を理解することに重点を置きました。それらの考え方を十分に理解できたので、HDRの世界へと進む準備は万端だと思います。しかし先に進む前に、この3つ目のセクションでは、これらの要素の背後にある理論を説明して、前のセクションと同様に、知識の基盤をしっかり固めましょう。そして理論を学んだら、そのすべてを、本書のオンラインリソースのソフトウェアに当てはめて実践します。ソフトウェア内のすべてのボタンの背後にある機能を理解できると、すべての概念がいかにシンプルかがわかるはずです。

まずは、この学習のゴールを見てみましょう（図5.1）。

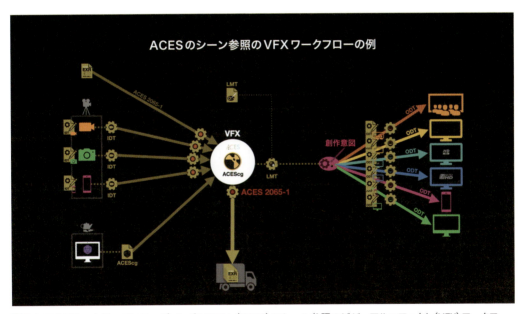

図5.1 アカデミーカラーエンコーディングシステム（ACES）のシーン参照のビジュアルエフェクト（VFX）ワークフローの例

この図は、ACESのシーン参照VFXワークフローの例です。それぞれの歯車は色変換を表し、各ドキュメントクリップは変換に関する重要な情報を意味します。画像のソースからあらゆるディスプレイまで、ビジュアルエフェクトパイプライン全体を見渡せます。

■ シーンとディスプレイの色空間

では始めましょう。学習の最初はもちろん、**CIE xy色度図**です。頻繁に扱うことになる2つのグループの色空間を分析するためです。

最初のグループでは、4つの一般的な色空間を選択します（図5.2）。まずは**sRGB**（前の章で既に説明しました）と**Rec. 709**（同じく前に説明済み）。sRGBとRec. 709の色域とホワイトポイントが同じであることに注意してください。これら2つの違いは伝達関数です（この図では表現されていません）。これらはコンピュータモニター、HDテレビ、HDホームプロジェクター向けの従来の色空間です。次の**DCI-P3**（Digital Cinema Initiatives – Protocol 3の略）は、前の2つよりも幅広い色域で構成され、この図の色度全体の45.5%をカバーします。青の原色は**sRGB**と同じで、赤の原色は615nmの波長の純粋なモノクロの光源であり、従来のデジタルシネマ映写に使用されます。最後の1つは**Rec. 2020**で、これはHDR向けに標準化された色空間であるため、このセクションの後半で詳しく説明します。原色が**スペクトル軌跡**上にあることから、可視光線の波長からの純色であることがわかります。ただし理論的には、そうした純粋な波長を再現できるのはレーザーのみで、現時点では、その色域全体を再現できるハイエンドディスプレイは数えるほどしかありません。とは言え、そうしたディスプレイが手に入りやすくなれば、この色空間は現在表示できない色も保持するようになるでしょう。つまり、この色空間は、将来に対応したディスプレイ用の色のコンテナとして作られたのです。考えてみてください。3つの原色は**スペクトル軌跡**内の一番外側に位置しており、すべてのサンプルは、人間の目が見ることのできる色域、つまり現在または将来のディスプレイにおける、最善の「可能性がある」色域に含まれています。ただし、最近では**Rec. 2020**の方がマスタリング用の色情報のコンテナとして利用されることが多く、「ラッパー」と呼ばれています。ほかのどんな色域も中に含めることができるからです。

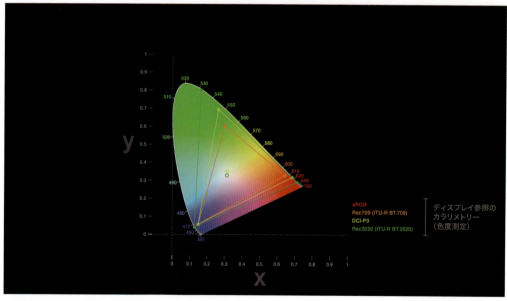

図5.2 ディスプレイ参照のカラリメトリー（色度測定）の色空間

これら4つの色空間はディスプレイに関連しているため、**ディスプレイ参照のカラリメトリー（色度測定）**のグループに入ります。

次は、もう1つのグループを見てみましょう（図5.3）。1つ目の色空間は**広色域のARRI ALEXA**です。まず気付くのは、この色空間は人間の目（したがってあらゆるディスプレイ）で可視化できる色度以上の色度を捕捉できることです。**スペクトル軌跡**の外側にある、これらの色域の領域は正常であり、情報を失うことなく、ある程度の余裕をもって色を操作できます（特に変換に関連する彩度と明るさ）。**Canon Cinema Gamut**も、そうでしょう？　これもスペクトル軌跡よりも広い色域です。**GoPro Protune Native**は、別のカメラの別の広色域です。**REDWideGamutRGB**は非常に広く、緑の原色が図の空間の上に飛び出しています。そして、**Sony S-Gamut／S-Gamut3**、**Sony S-Gamut3.Cine**、**Panasonic V-Gamut**。これらすべての色空間はカメラに関連しているため、**シーン参照のカラリメトリー（色度測定）**というグループに入り、この場合はすべて**カメラの色空間**です。しかし、**シーン参照のカラリメトリー（色度測定）**でもカメラ以外の色空間があります。たとえば**ACES 2065-1**で、後の**ACES**の章で説明します。ここでの「シーン」という用語ですが、これはカメラが撮影している場所（**シーン**）に関連しています。カメラの色空間がすべて**シーン参照**と呼ばれるのはそのためです。一方で、参照が特定のタイプのモニターやプロジェクターである**ディスプレイ参照のカラリメトリー（色度測定）**があります。**シーン参照のカラリメトリー（色度測定）**では、参照はシーンによって決まる記録フォーマットです（カメラの色空間またはACESなどのマスターコンテナ）。

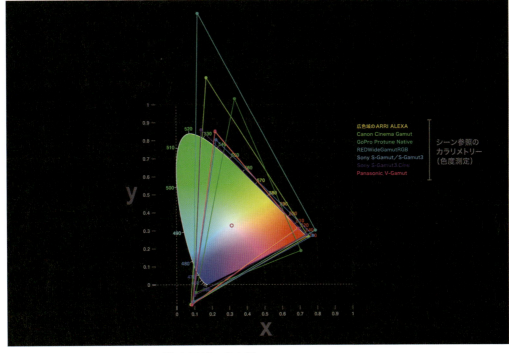

図5.3　シーン参照のカラリメトリー（色度測定）の色空間

ご想像の通り、カラーデータをあるシステムから別のシステムに移動するためには、数学的な正確さである色空間から別の色空間に変換する色変換を適用しなくてはなりません。この変換の重要な側面の1つは、色域内のカラーサンプルの配置と分布によって定義されます。そう、次は**伝達関数**です。

■ 伝達関数の種類

伝達関数は、**電気信号**、**シーンの光**、**表示される光**の間の関係を表します。**伝達関数**は3つのカテゴリーに分離できます(図5.4)。

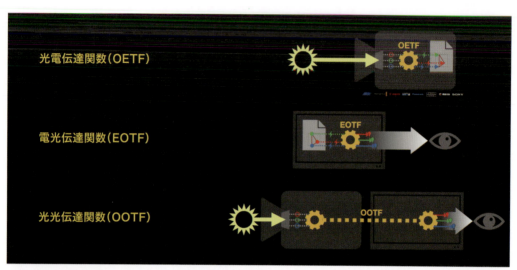

図5.4 伝達関数の種類

- 1つ目は、**シーンの光**を入力として受け取り、**画像**または**ビデオ信号**(出力)に変換します。これは、**光電伝達関数**またはOpto-Electronic Transfer Function(OETF)と呼ばれます。これは通常カメラ内で行われます。
- 2つ目は、**画像**または**ビデオ信号**を入力として受け取り、**ディスプレイのリニアライト出力**に変換します。これは、**電光伝達関数**またはElectro-Optical Transfer Function(EOTF)と呼ばれます。これは通常ディスプレイデバイス内で行われます。
- 3つ目は、**シーンの光**を入力として受け取り、**ディスプレイの光**を出力とします。これは、**光光伝達関数**またはOpto-Optical Transfer Function(OOTF)と呼ばれ、OETFとEOTFの結果であり、通常はノンリニアです。これは多くの場合、ディスプレイデバイス内で行われます。

ご覧の通り、それぞれの**伝達関数**の目的を理解することが非常に重要です。つまり、**OETF**はフッテージの取り込み用、**EOTF**はディスプレイでの表示用です。

6
カラーボリューム

これまで、色度全般について説明してきました。次は画像の知覚を左右するほかの要素について、特に高ビット深度画像の扱いについて取り上げます。まずは**カラーボリューム**に注目しましょう。

■ カラーサンプル

最初に説明する要素は、**カラーサンプル**です。カラーサンプルとは、色空間内にあり、特定したり、ラベル付けできる、一意の色だと考えてください。私は、サンプルをカラーボールのようなものだと考えるのが好きです。するとボリュームは、原色と明るさの組み合わせなどを基準に、すべてのカラーボールを秩序立てて収めたボックスによって表すことができます。ボックスのサイズ、より厳密に言えばその容量が、カラーボリュームです。

■ 色密度

しかし、液体と同じように、中身の密度を考慮しなくてはなりません。ボールを使用する本書の場合は、「カラーボールの大きさはどのくらいか？」になります。ボールが小さくなるほど、同じ空間内に収められるカラーボールの数は増えます。この例を図で示しましょう（図6.1）。

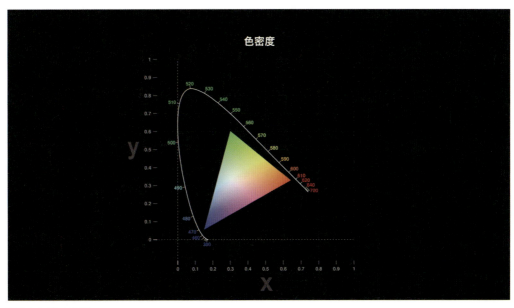

図6.1 目的の色域

これはある色域、つまり色度のコンテナです。ここで、色域全体をカバーするよう、色を個別に選択します（図6.2）。

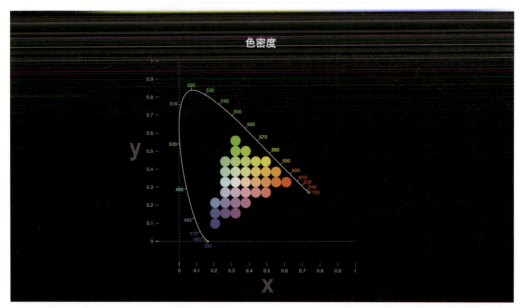

図6.2 個別に選択した色度サンプル（極端に低密度）

一定数の色度を特定しましたが、ご想像の通り、正確な色の表現ではありません。空間全体を埋めてはいても、原色を組み合わせて正確な色味を定義するのに足りるサンプル数がないからです。それではサンプルの数を増やしてみましょう（図6.3）。

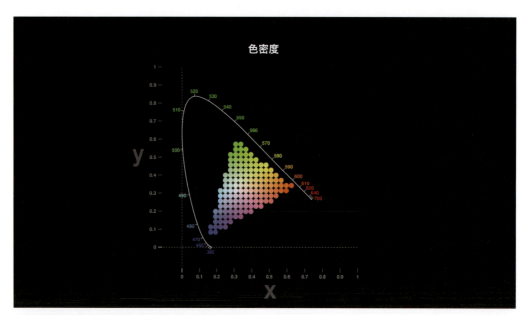

図6.3 個別に選択した色度サンプル（非常に低密度）

より明確に色度を定義できるようになりました。もっと密にしましょう（図6.4）。

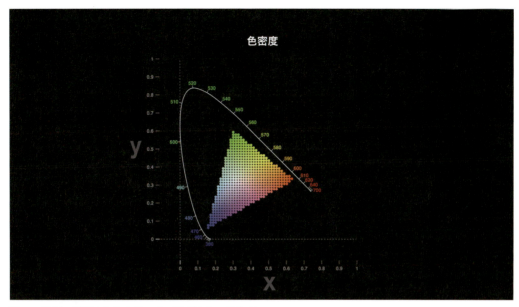

図6.4 個別に選択した色度サンプル（依然として低密度）

さらに密に（図6.5）。

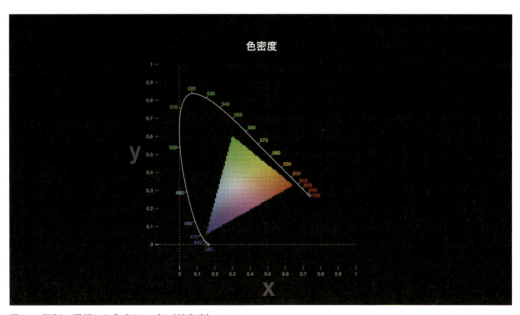

図6.5 個別に選択した色度サンプル（低密度）

サンプル間の隙間はごくわずかになりましたが、まだ精度を高められます（図6.6）。

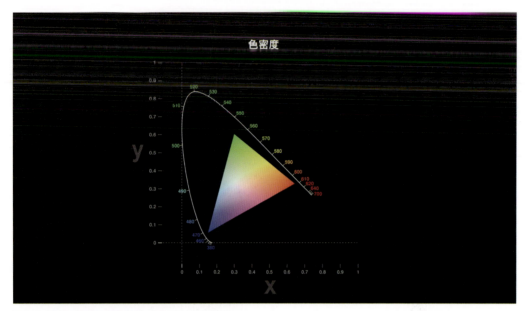

図6.6 個別に選択した色度サンプル（十分な密度）

どこまでいけるでしょうか？　理論上では、無限です。数学的には、2つのポイント間の距離はどこまでも無限に分割することができます。しかしそれは理論上の話であって、現実世界では制約があります。それは色精度も同様で、各サンプルがデータストレージの容量を消費し、その容量は無限ではありません（理論上でも、ドライブのディスクスペースは無限ではないですね）。また、データを処理する必要もあるので、カラーボリュームの目的を達成するのに十分な有限の数を見つける必要があります。

ところで、私たちはカラーサンプルを入れるための容量としてボリュームについて議論していますが、それは単に空間のサイズではなく、含まれる色の数でもあります。特定の数のサンプルを選んで、空間を大きくしても、サンプル数は同じままであり、色を表現する精度も変わらないことに注意してください。そのため、色密度について話すときは、特定の空間でのサンプル数を指しています。

■ ビット深度（色深度）

このテーマについては。前にも説明しました。ここでさらに掘り下げるのは、これが残りのプロセスに大きく影響するからです。前に述べた概念もいくつか繰り返すことになりますが、前の章でビット深度を取り上げた際は、わかりやすくするために重要な詳細をいくつか省略しなければなりませんでした。ここで再度プロセスを思い出し、それを新しい学習段階の基本にしてもらいたいと考えています。

ビット深度を色と関連付けて論じるときは、色情報のデータをどのように分類して格納するかという問いから始めます。コンピュータデータのストレージでの情報の基本単位は**ビット**です。ビット深度について知る必要があるのは、このためです。「ビット」（bit）とは、「binary」（2進法）と「digit」（数字）という2語を組み合わせて短縮したものです。「バイト」（byte）と混同しないでください。あれはまた別のものです。ビットは、

2つの可能な値のうちいずれかを示す、ロジックステートです。2つの値は、たいてい「1」と「0」です。ここで、黒のサンプルをステート0に、白のサンプルを同じビットのステート1に割り当てることにします。すると、ピクセルあたり1ビットのカラー情報を使用して、中間調やグレースケールなしの、純粋な黒または白で構成される画像を作れます。フォトリアルにはほど遠い結果です。しかしビットを組み合わせて、いわゆる「ワード」（データを格納する各ビットのロジックステートの組み合わせ）を作ることができます。一度に扱うビット数が増えるほど、色を割り当てるのに使用可能な組み合わせの数も増えますこれで、黒と白の間に2つのグレースケールを割り当てられるようになりました。また、黒と白の間のグラデーションを表現するスケールの精度が向上しました（図6.7）。

図6.7 「ワード」を持つ1ビットおよび2ビットのモノクロビット深度スケール

黒と白のレベルは前と同じですね。そこで、同じサイズのグラデーションを使用してスケールを比較すると、2ビットのスケールのサンプルは、上の1ビットのみのスケールのサンプルよりも小さいことがわかります。そう、これが**色解像度**です。ビット深度の増加を比較した図をご覧ください。色解像度の効果を観察できるはずです。ある段階までいくと、隣り合わせの色の強度の違いが見分けられなくなります（図6.8）。

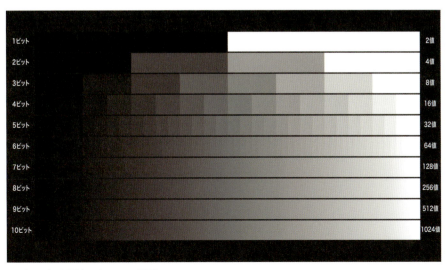

図6.8 モノクロビット深度スケールの遷移

どうですか？　同じ距離の中で、ある色合いから次の色合いまでの遷移が滑らかなグラデーションになり、細かく分かれています。ビットの量に対して値の増加は指数関数的です。これはグレースケールだけを扱った場合の例です。

ビットと色

3つのRGB原色の組み合わせを使用して、フルカラー画像を作成できるビット深度（色深度）について検討しましょう。そのためは、特定のビット深度を格納することができるサンプル（または色合い）の数を計算する公式、$(b^n)^{チャンネル}$を理解することから始めます。フォトリアルな色の結果（現実で見ることのできる色と同じ特性を持つ、リアリティを表現した画像）を得るためには、これが重要です。フォトリアルな色の知覚のカギとなる要素が1つあり、それは、人間の目はいくつの色合いを見分けることができるのかということです。もちろんこれは個人や、文化的背景[1]によっても違いますが、その数は約1000万色です。この数値を覚えておいてください。

それでは、式に戻りましょう。「b」は、2進数で表現されるビットの基数を表します。つまり可能な値は2つ（0または1）です。なので実際の値、2に置き換えてみましょう。次はチャンネルで、これも定数です。というのも、RGB画像のチャンネル数は常に赤、緑、青の3つだからです。残る変数が、画像の色またはビット深度（色深度）を表すビット数です。したがって、RGBビット深度（色深度）の式は、$(2^{ビット})^3$になります（図6.9）。

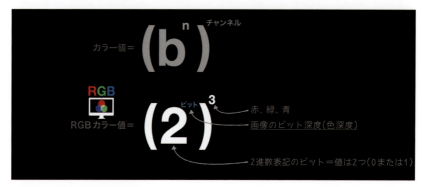

図6.9　ビット深度に応じた色相数を算出

ここで混乱を避けるために、「チャンネルあたりのビット数」について話しましょう。たとえば通常「8ビット画像」というときには、赤が8ビット、緑が8ビット、青が8ビットを意味します。つまり論理的には、ファイルに書き込まれた色データを格納するためのビット総数は24ビット（**トゥルーカラー**と呼ばれる）です。しかしここでは混乱を避けるために、このような画像を24ビット画像とは呼ばず、**チャンネルあたり**8ビットのビット深度を持つ画像と呼ぶことにします。

では、カラー画像でビット深度の効果を見てみましょう（図6.10）。

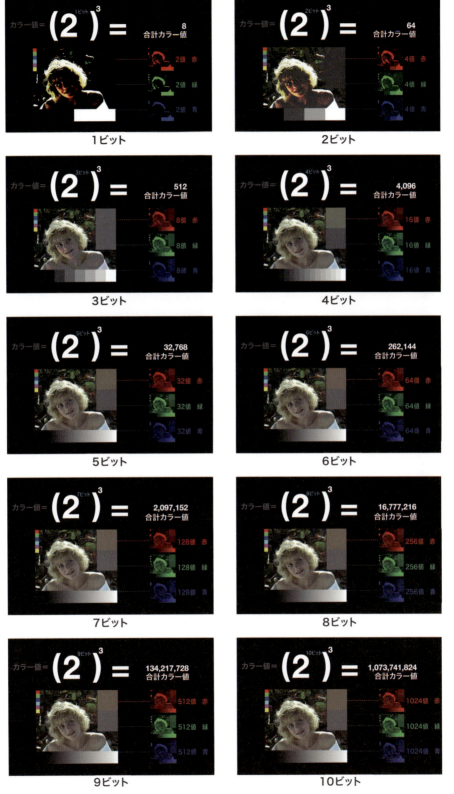

図6.10 RGBビット深度スケールの遷移

これは、チャンネルあたり1ビットの画像です。モノクロのグラデーションと同じく、それぞれの原色にグラデーションが1つあります。この場合、1ビットのみの赤チャンネルはオンまたはオフのいずれかで、ほかのチャンネルも同様です。チャンネルあたりの値をすべて合わせると、合計で8つのカラー値（またはサンプル）になりますが……ビット数を増やしてみましょう。チャンネルあたりの値の数は前のビット数の2倍に増えるため、組み合わせの総数は8、64、512、4,096、32,768、262,144、2,097,152、16,777,216と指数関数的に急増します……ちょっと待って！　8ビット画像では1600万以上のカラーサンプル、一方で7ビットは200万をわずかに越えるだけ……うーん、前に、人間の目が識別できる色の数を覚えておくように言いましたよね？　そう、約1000万でしたね。7ビットではこの数に大きく届きませんが、8ビットではこの基準値を大幅に上回ります。つまり、チャンネルあたり8ビットのビット深度（色深度）を持つ画像であれば、写真のような結果を再現できるというわけです。一般ユーザー向けコンピュータ画像の標準として、チャンネルあたり8ビットが採用されているのはこれが理由の1つです。しかし私たち画像を扱うプロフェッショナルには、操作の前に、色を変換したり、輝度の範囲を広げたり、肉眼では識別できなくなっている領域の値を見えるようにするなどの作業をするための余裕が必要です。したがって、ストレージや処理能力を犠牲にしてでも、さらなるデータが必要になるわけです。ただし、使う色が増えるほど、処理しなくてはならないデータが増えるため、長いレンダリング進行バーに誰もが腹を立てるようになります。そこで求められるのが、色を表現するニーズに合い、画像を表示するディスプレイに応じたビット深度の使用です。たとえば、従来のデジタルシネマ映写は通常10ビットで動作します。映写機は、通常のテレビよりも色の精度が高い画像を再現できるからです。

■ リニアvs対数

ここで重要なポイントはサンプル数だけではありません。結局のところ人間は、明るさの範囲全体において、同じ精度で色を見るわけではないからです。サンプルのリニア分布と対数分布の概念について、もう少し詳しく説明しましょう。

4ビットのグレースケールグラデーションを使用します。4ビットを使用する唯一の理由は、扱いやすい数のサンプルでこの概念を説明した方がわかりやすいからです。そこでこのスケールには、純粋な黒から純粋な白まで16のサンプルがあります。

ご覧の通り、サンプルのサイズはすべて同じなので、範囲全体に均等に、算術的にはリニア数列で分布されます（図6.11）。

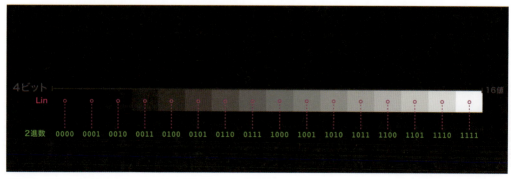

図6.11　4ビットモノクロスケールのリニア分布と、ビットのワード

カラーサンプルを参照する3つの方法を説明しましょう。たとえば、**2進数表記**を使用できます。これは、カラーサンプルをそのビット深度の**ワード**に対応させ、実際のデータを書き込む方法と同じです。もちろんこの値を私たちアーティストが操作するわけではありませんが、前に説明したビット深度との対応関係を理解することが重要です（図6.12）。

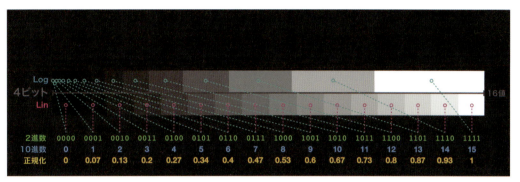

図6.12 さまざまなシステムで値を割り当てた4ビットモノクロスケールのリニア分布

次に、グレースケールグラデーションにはサンプルの**10進数表記**があります。0が最も暗い黒を意味し、ビット深度に応じて、必ず最後の数値が最も明るい白に割り当てられます。たとえばこの例の4ビット画像には16のサンプルがあるので、最初が0なら、最後は15になります。なぜ16でなく15なのかは、1からでなく0から数えているからです。同じことが8ビットの10進法表記（読者の皆さんはこちらの方が慣れているでしょう）でも起こります。黒は0で、白は255です。異なるビット深度を組み合わせてサンプルを揃えようとすると、ずいぶん難解です。ここで説明した例で、4ビット画像と8ビット画像を組み合わせるとします。10進値を参照すると、どちらも0は常に黒ですが、15の値はそれぞれ別の色になります。4ビットスケールでは15は最も明るい白ですが、8ビットスケールでは非常に暗いグレーです。そこで、2つを組み合わせて揃えるには、どちらの範囲も同じスケール、つまりビット深度に変換する必要があります。異なるレベルの色精度が混在することになるため、10進法を使用するのではなく、正規化したスケール（ビット深度に関係なく、同等の揃えられた値を示す）を使用して、カラーサンプルを参照します。すると、4ビットスケールのホワイトポイントと8ビットスケールのホワイトポイントが揃い、4ビットスケールのブラックポイントと8ビットスケールのブラックポイントも揃います。表現する輝度の範囲はどちらも同じですが、8ビットの方が4ビットよりも多くの情報を使用して、同じ黒から白へのグレースケールのグラデーションを表現します。

正規化したスケールの意味することは非常にシンプルで、最小値が0で、最大値が1のスケールです。中間の値はすべて小数になり、あらゆるビット深度に対応できます。たとえば8ビット画像では、中間のグレーの値は127です（この番号を思い浮かべるまで、数秒かかったでしょう）。しかし、正規化されたスケールでは、中間は単に0.5です。簡単でしょう？　このシステムの良いところは、必要に応じて小数部の桁を増やせるため、たとえば0.0000001といった小さい値を使って正確に示せることです。Nukeは正規化された値を使用しています。正規化されたスケールの計算方法は非常に簡単で、それぞれの値を範囲の最大値で割るだけです。たとえばこの例は4ビットの正規化したスケールでは、それぞれの値を15で割っています。つまり、15÷15＝1（範囲の最大値）で、中間の値に対しても同様です。

ここでの問題は、範囲内でサンプルを分布させる方法です。

なぜこれが重要なのでしょうか？　人間の目は、明るさの範囲全体において、同じ精度で色を知覚できないからです。私たちは、明るい領域よりも暗い領域の方が、より多くの色合いを識別できます。サンプルを線形に分布させると、人間がより多くの色のグラデーションを識別できる領域と、グラデーションに対して感度の低い領域で、密度が同じなります。フォトリアルな結果を得たい場合は、範囲全体をより多くのサンプルで埋めれば、明るさにおいての重要領域（暗い領域）を十分な密度でカバーできるわけですが、その結果、そこまでディテールを必要としない明るい領域にまで、過剰にサンプルを分布させてしまうことになります。インターネットにあふれている8ビット画像なら、大した問題にはなりません。モニターに応じた黒から白の明るさのレベル間で範囲は固定されており、一定レベル以上の高い明るさレベルを一定の白にクリップして表示することで、限定されたダイナミックレンジに圧縮するからです。これはSDRと呼ばれ、基準レベルは100ニット(nit)に固定されています（ニットと明るさレベルについては後で説明するので、心配いりません）。しかし、暗い領域のディテールの量を増やしたり、明るい領域の輝度を高めたりして、より広いダイナミックレンジを表現できるデバイスもあります。たとえば、デジタルシネマ映写機や、ネガフィルムがそうですが、問題は、重要な領域でデータの密度を高くするために等差数列を用いると、重要でない領域で大量のサンプルが無駄になってしまうことです。そこで、ロッシー圧縮と似たようなこと（知覚されない場所の情報を削除する）を行うわけですが、サンプル分布の場合はその逆で、必要な場所により多くのデータを追加します。つまり、あまり重要でない場所（曲線の明るい領域）では高密度のサンプルをとらえずに、追加データが必要な場所（曲線の暗い領域）では、追加データをとらえようというわけです。つまり、データをリニアでとらえるずに、暗い領域のサンプル数を優先させたスケールを作成します。これが、コンピュータのデータ量および処理量を明るさレベルに合わせて最適化するために、長きにわたり使用されているシステムです。log（対数）エンコーディングと呼ばれます。

ご覧のように、両方のグラデーションで色のビット数は同じ（同じビット深度）ですが、暗い領域の方がグレーの色合いが多くなっており（サンプルの幅が狭い）、グラデーションで明るい方にいくほどサンプル数は少なくなっています。**リニア**数列は算術的で、**log**数列は指数関数的ですが、log数列の方が人間が光を知覚する方法をよく反映しています。通常は10ビットまたは12ビットファイルで使用されます。なぜ8ビットではないのでしょうか？　拡張するにはデータが十分でないことと、サンプルが大きすぎて、明るい領域にポスタリゼーションのアーティファクトが発生してしまうからです。また、16ビットに対して日常的に**log**エンコーディングを使用しないのはなぜでしょうか？　16ビットでは、リニア分布を維持するのに十分なサンプル密度があり、曲線での位置に関係なく、あらゆる場所に色のディテールが含まれるためです。もちろん、書き込まれるデータ量は飛躍的に増えますが、計算がリニアにできる利点があります（必要に応じて、明るい領域のデータを取り戻すこともできます）（図6.13）。

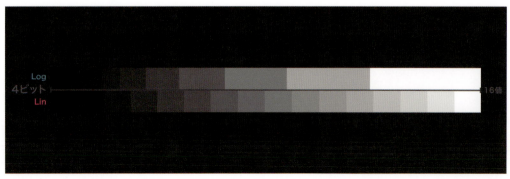

図6.13　4ビットモノクロスケールのリニア分布vs対数分布

■ Nukeワークスペースのビット深度（色深度）

前に述べたように、Nukeのワークスペースを使用してカラーマネジメントの機能を説明していきますが、これはどんなソフトウェアにも応用できます（それぞれの仕様に従ってください）。

精度を損なうことなく、異なるビット深度を組み合わせるために、Nukeはその環境にインポートされるすべての画像を、現時点で実用できる最高のビット深度である32ビット浮動小数点に変換します。さらにデフォルトで、すべての画像が**リニアライトワークスペース**に変換されます（このコンセプトについては、この後に説明します）。そのため、ビット深度に関わらず、すべての画像が輝度の等差数列で割り当てられます。32ビット浮動小数点ワークスペースの精度レベルがどんなものか知りたいですか？　実際には、3.4028235×10^{38}です。利用可能なカラー値を理解するために完全な数字を示すと、340,282,350,000,000,000,000,000,000,000,000,000,000となります。ですから心配は無用です。Nuke内部で読み取る画像の精度が損なわれることはありません（データは適切に解釈するようにしてください）。

なお、**リニアライト**はNukeで利用できる唯一の**リニアワークスペース**ではありません。これは、カラーマネジメントというテーマでは非常に重要なポイントです。標準化された色変換セットを含む**標準化されたリニアワークスペース**も使用できるからです。たとえば、**OCIO**システム内部に構築された**AP1**と呼ばれる**原色**のセットを利用する**ACEScg**がこれに該当します。ACESについては、本書の次のセクションで掘り下げます。

▶ Nukeのネイティブカラーワーキングスペース

リニアライトの概念を明らかにして、カラーマネジメントに標準化されたワークスペースが必要な理由を理解するために、Nukeでリニアライトワークスペースがどのように機能するかを見てみましょう。前の章で、すべての色空間には**原色**のセット（色域を定義）、**ホワイトポイント**、**伝達関数**があると述べました。では、Nukeのデフォルトの色空間の原色はどこにあるのでしょうか？　驚かないでくださいね、リニアライトには原色もホワイトポイントもありません！　標準化された色空間ではないからです。リニアライトは、実際にはNukeのワークスペースで作用する**伝達関数**であり、元の色空間との関係で独自の**光の強度**を揃え、画像を処理します。そのため、値は特定のターゲット色空間内でマッピングされるのではなく、輝度の点で一貫性があるものとして解釈されます。そのため、色空間は処理の最後に（**書き込みノード**で）決定します。一方、処理の間（**ノードグラフ**の一連の処理中）は標準の色空間を使用しないため、色変換はいくらか「相対的」です（それでも算術的にはリニア）です。これが、標準化された色空間と、標準化された色の演算一式が必要な理由です。**絶対的**（かつ複製可能）な結果を得ることで、VFX部門内だけでなく、ほかすべての部門の人とも足並みを揃えたいのです。本書の意義はここにあります！

リニアライト処理の内部ワークフローを見てみましょう。

画像をインポートすると（**sRGB**ファイルとしましょう）、これが表示したいシーン、つまり**インテント**（**意図**）と呼ばれるものになります（図6.14）。しかし、sRGBで記録されたデータはガンマ補正が施されています。そのため、実際のデータはガンマ曲線で記録され、画像は「明るく」されます（sRGBディスプレイで適切に表示されるようにするため）。

図6.14 レンダリングインテント

図6.15が示すのは、輝度のリニア数列、つまりリニアライトワークスペースです。読み取り（Read）ノードを使用して画像をNukeのノードグラフにインポートする際、（LUTを使用して）色空間の変換を適用すると、画像が**リニアライトワークスペース**に正確にリニア変換されます。これは「**入力変換**」ノブ（旧バージョンのNukeでは「**Colorspace**」と呼ばれていました）の関数です。これが例の**sRGB**画像をエンコードするのに使用される伝達関数であり、画像の「実際」の見え方はこのようになります（図6.16）。

図6.15 sRGBでエンコードした輝度の画像（元のデータ）

図6.16 ワークスペースやディスプレイに依存しない、sRGBデータのシミュレーション

図6.17でわかるように、ガンマエンコーディングにより画像は少し「明るく」見えます。これまでの章で説明したように、これは何年も前に、カラーマネジメント非対応のCRTモニターで正確に表示できるよう策定されたもので、標準の一環でした。しかし心配いりません。システムはこれを把握していますし、だからこそ画像が正確に表示されています。つまり、**sRGB**は**伝達関数**を使用してエンコードされているため、**入力変換ノブ**を指定し、LUTを適用して画像を正確に解釈する必要があるというわけです。これが、画像がNukeワークスペースに正確に取り込まれるときに、実際に起きていることです。

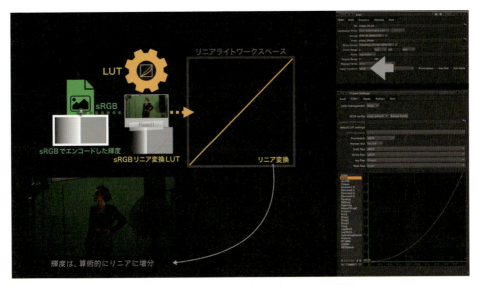

図6.17 LUTによる画像のリニア変換で、画像をリニアライトワークスペースに配置

sRGB色空間でエンコードされた画像は、Nukeの標準**リニア変換**セットを使ってLUTによって補正されます。輝度の元のエンコーディングが**リニアライト**に補正されて、輝度が上の図のようなリニア数列になります。

すると画像はこのように見えます（図6.18）。

図6.18 ディスプレイとは無関係に、輝度が算術的にリニアに増分

はい、わかっています……。画像がこのように見えてはいけませんよね。ちょっと我慢してください。こうなっているのは、画像が**リニアライトワークスペース**内のシステムによって解釈されているからです。画像を視覚化するディスプレイのことを考慮していないのです（後で説明します）。ここで重要なのは、今のこの画像が**リニア**であることです。

ここで問題となるのは、画像またはコンポジションをどのように視覚化すれば、実行する処理から良好な視覚的フィードバックを得られるのかです。そのためには、**ビューアープロセス**使用して別のLUTを適用し、コンピュータモニターなど（これも恐らくいつもの**sRGB**でしょう）、コンポジションを表示するのに使用するディスプレイを補正します。つまり画像は**リニア**で処理されますが、ディスプレイに適したLUTで視覚化されます。これには2種類の処理があります。1つ目は画像を参照して、ファイルの実際の値を変更し、適切な**輝度のリニア数列**で配置されるようにします。2つ目は、**ディスプレイ**を参照して、画像の実際の値を変更することなく、**ビューアープロセス**を通して「正しい方法」でモニターに画像を表示するようにします（図6.19）。

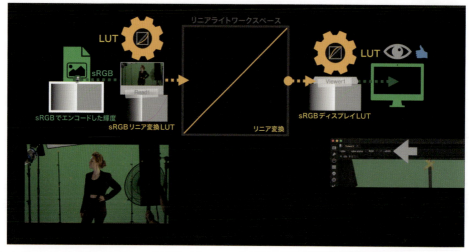

図6.19 表示用に適用されるsRGB LUT。ガンマエンコーディングデータ＞リニアライトワークスペース＞ディスプレイ色空間。レンダリングされた画像は、元のレンダリングインテントとして表示されます。

また別の処理もあります。最後の色変換を適用して、出力の色空間をエクスポートする画像に埋め込みます。この処理は**書き込み（Write）**ノードで行われ、**出力変換**ノブで設定します。このLUTは、ターゲットのディスプレイで、つまりNukeの**リニアライトワークスペース**から選択した色空間へと、画像を適切に視覚化できるように、ファイルに焼き込まれます。特定のディスプレイのターゲットの色空間に画像を適応させているため、これは**ディスプレイ参照**演算です。たとえば、ファイルを通常のHDTVで表示することが目的である場合、「Rec.709」を適用します（図6.20）。

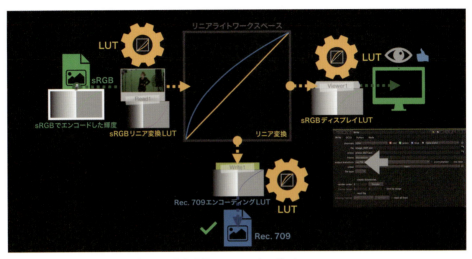

図6.20 ターゲットディスプレイに応じた、出力変換LUTのエクスポート

標準の伝達関数を使用した3つの色変換は、必要に応じてカスタマイズでき、その1つは**入力変換**（画像の色空間から**リニアライトワークスペース**へ）、もう1つが**ビューアー変換**（ディスプレイで適切に画像を視覚化）、そして最後の1つが**出力変換**（配信先のディスプレイに応じた正しい色空間の画像ファイルを作成）です（図6.21）。

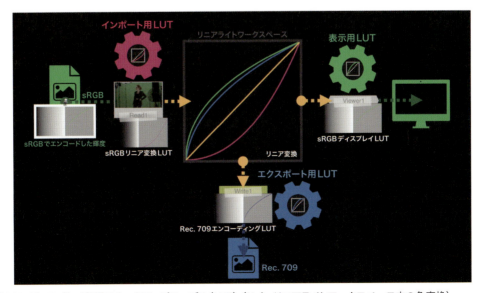

図6.21 ディスプレイ参照のルックアップテーブル（LUT）（Nukeリニアライトワークスペース内の色変換）

しかし、前述のように、この処理の問題は、標準のマスター色空間内で標準化された色変換セットを使用していないことです。そのため、ほかの方法で色を処理するシステムと組み合わせると、一見同じに見える演算を適用しても異なる結果になってしまい、問題になることがあります（図6.22）。

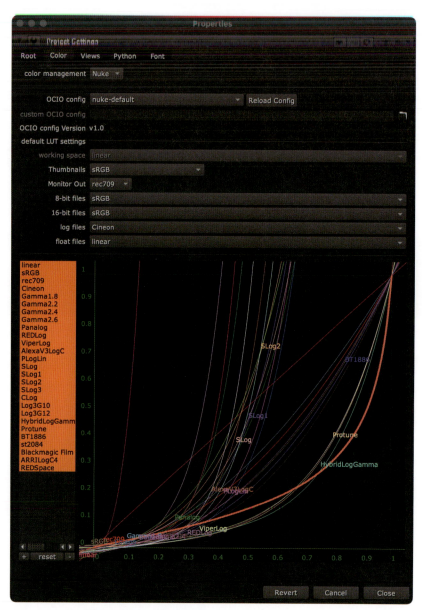

図6.22　リニア変換処理のためのNukeのデフォルトLUTセット
　　　　（Nukeのデフォルトカラーマネジメントプロジェクト内）

RGB密度

サンプル密度の話に戻りましょう。定義上、一般的に密度とは**全体数**を**ボリューム**で割ったものです。同じ領域でサンプル数が多くなるほど、色度の密度が高くなります。しかし、密度の概念を色に当てはめる場合、**RGB密度**とは、利用可能な**カラーサンプル**（ビット深度）の量を色空間のボリューム（あらゆる**輝度レベル**での色域）で除算したものとなります。つまり、単なる色度というよりは、あらゆる強度を含む実際の色と言うことができます。RGBサンプルを3次元ボリュームとして表現する最善の方法は、3D空間のXYZのように、それぞれの原色で空間次元を表すことです（図6.23）。

図6.23 RGB密度とカラーキューブ

そうしてできた**カラーキューブ**では、正規化された軸の端で各原色の強度が最大になっており、カラーホイールのグラデーションのように見えます。しかし実際は、トリプレット（3D空間内のポイントなどの3つの座標）で指定できる全サンプルを含んだ空間ボリュームです（図6.24）。

ご覧の通り、密度はビット深度に直接関係しています。空間内でサンプルの数が多いほど、密度が高くなります。空間が大きくなればなるほど、色密度を上げるためのサンプル数が増えることは想像に難くないでしょう。

図6.24 RGB密度を表すさまざまなビット深度のカラーキューブ

■ ディスプレイのカラーボリューム

明るさのピークに関連して、一般的な2つの色空間のボリュームを比べてみましょう。定義されたディスプレイのカラーボリュームにおける色の明るさの機能について話すとき、私たちが問題にしているのは、全体的な明るさがより明るいとか暗いとかだけではありません。その原色がどのくらいの彩度まで到達できるのかについても言及しています。そこで、ディスプレイのカラーボリュームの底面に色度図を配置して、その上に、色空間の標準化された輝度のピークを投影してみましょう（図6.25）。

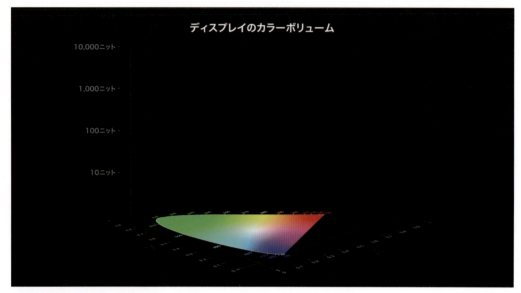

図6.25 ディスプレイカラーボリューム表現のための輝度スケール付き色度図

最初に視覚化する色空間は、Rec. 709です（図6.26）。

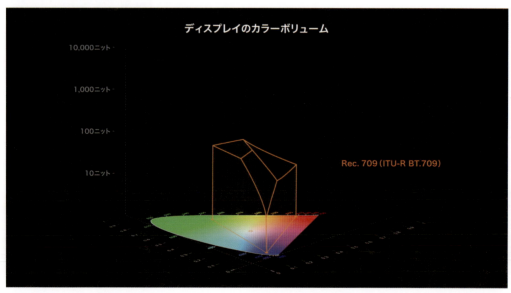

図6.26 Rec. 709ディスプレイボリューム

これは、原色とホワイトポイントの位置です。縦の軸は、**ニット**（**nits**）で表現される輝度を表します。高くなるほど明るくなり、彩度の機能も上がります。標準SDRの**Rec. 709**は、最高で100ニットです。

次は、**Rec. 2020**の色域を配置してみましょう（図6.27）。

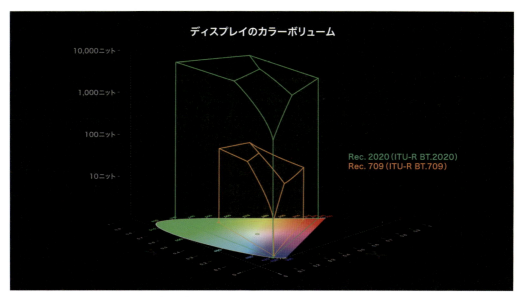

図6.27 Rec. 709 vs Rec. 2020ディスプレイボリューム

このSDR色空間の**ディスプレイカラーボリューム**を、HDRのものと比較します。最初に気付くのは、HDRカラーボリュームに対応する**Rec. 2020**の**色域**が、SDR（**Rec. 709**）のものよりも幅広いことです。そのため、**より純度の高い**原色とはるかに多くの色を使用できます。しかし、HDR画像が**10,000ニット**の輝度に到達できるというだけではありません（SDRはわずか100ニット）。それぞれの原色が非常に明るい強度に到達できる、つまり非常に鮮やかな色を実現できることを意味します（現実の色の知覚に近い）。

しかし、この大きいボリュームを十分な密度のサンプルで「埋める」には、大量のカラーサンプルが必要です。色のトーンが滑らかに少しずつ変化するのではなく、階段状のグラデーションになる「バンディング」（ポスタリゼーション）など、**カラーボリューム**関連の色のアーティファクトが発生しやすくなります（数ページ前のビット深度の例を参照）。8ビットは、**Rec. 709**色空間を埋めるのには十分でも、**Rec. 2020**色空間を使用するこのHDRには明らかに足りません。カラーボールでカラーサンプルを表現する例を使って言い換えれば、SDRが使用するのはバケツ一杯のカラーボール、HDRが使用するのはプール一杯のカラーボールです（どちらも場合も、ボールの色は1つひとつ違います）。ご想像の通り、HDRの方がはるかに楽しいです！

注釈

1 ジュール・ダビドフ（Jules Davidoff）博士が、ナミビア北部の**ヒンバ**族とともに、色の知覚に関する一連の実験を行いました。英語には色を表す定番のワードが11あるのに対し、ヒンバ族はたった5つのワードで色を表現します。またその分け方も、英語とは違いました。空は黒、海は白で、青と緑は置き換え可能です。ヒンバ族の人々が参加したのは、人間の色の違いの見分け方に関する研究です。参加者に一連の色見本を見てもらい、ほかとは違う色を1つ選んでもらいました。特定の緑の色合いをした複数の同じサンプルの中に、私たちにとっては明らかに異なって見える青を置いて見せたところ、ヒンバ族の人々は2つの色をなかなか見分けることができませんでした。彼らはずっと、青と緑を同じ色として言い表してきたからです。一方で、ヒンバ族の言語における色の分類方法では、一般的な西洋人には同じに色に見えるであろう、わずかな緑の色合いの差を簡単に区別することができます。ダビドフ博士は、自分にとってはまったく異なる色をなかなか見分けられない人々を見て奇妙に感じましたが、立場が逆になって、自分が「違う」緑を選ぶように求められたら、ヒンバ族の人々もやはり同じ気持ちになるだろうと思ったそうです。

Robinson, S.（監督）、2011年、「**Do You See What I See?**」［映画］、BBC

この実験は、言語構造が人間の思考や行動を決定すると主張する**サピア＝ウォーフの仮説**とよく似ています。たとえば、ある言語で青と緑を表す語が1つしかない場合、その言語話者には2色が同じ色に見えるといった具合です。自分がピンクフラミンゴを見たときに見えるものは、別の人が見ているものと同じではないと思いそうになりますが、最新の研究ではこれに疑問が呈されています。

色の知覚を条件づける文化的背景に関する詳しい情報は、「The development of color categories in two languages: A longitudinal study」（**Journal of Experimental Psychology**）D. Roberson他（2004年）、「Color categories: Evidence for the cultural relativity hypothesis」（**Cognitive Psychology**）D. Roberson他（2005年）をご覧ください。

7

HDR

基礎的な知識をすべて習得したところで、次はHDRの基本を探求していきましょう。

■ HDRに関する基準

最初に知っておいてほしいのは、HDRは標準化されているため、HDR画像の作成と再現に関するすべての部分が同じ仕様に従っていることです。これには、ディスプレイのメーカー、配給およびストリーミングサービス、ソフトウェア会社、制作スタジオなどが含まれます。もちろんここでは、画像を操作するカラーマネジメントワークフロー、つまりソフトウェアの観点で私たちに最も関係のあるものに焦点を当てますが、**ディスプレイの仕様は作業の重要な部分であるため、よく注意する必要があります。それでは、上位5つの規格をおさらいしましょう。

1つ目は、**ITU-R勧告BT.2020**です（**Rec. 2020**とも呼ばれる）。画面解像度、プログレッシブスキャンのフレームレート、ビット深度、クロマサブサンプリング、**原色点**、RGB、輝度色差色表現、**OETF**など、**SDR**や**広色域**を備えた**UHDTV**のさまざまな側面を定義しています。注目してほしいのは、**Rec. 2020**色域は**UHD Premium**コンテナとして使用されますが、実質的には内包される**DCI-P3**に限定され、**OETF**です。

OETF（光電伝達関数）と**EOTF**（電光伝達関数）を混同しないようにしてください。**OETF**はキャプチャデバイスが光データを格納する方法を指し、**EOTF**はディスプレイがデータを解釈する方法を指しています。

そのため、**Rec. 2020**は、HDRのコンテナとして使用する色空間、つまり色空間の「**ラッパー**」を定義します。

2つ目の規格は、**SMPTE ST.2084**です。PQ（最大10,000ニットの輝度レベルでHDRビデオの表示を可能にしたり、**Rec. 2020**色空間と共に使用できる**伝達関数**）を定義します。PQはノンリニア**EOTF**です。

3つ目は**ITU-R勧告BT.2100**で、**Rec. 2100**とも呼ばれます。**BT.1886 EOTF**やSDR-TVにこれまで推奨されていたそのほかの伝達関数ではなく、**PQ**または**HGL**伝達関数の使用を推奨することで、**HDRTV**を導入します。**ハイブリッド・ログ＝ガンマ**がテレビの生放送向けに設計されたのは、メタデータが不要だからです。なお、**BT.1886**とは、**Rec. 709**色空間の伝達関数、つまり「**ガンマ補正**」を指します。

163

1つ目は **SMPTE ST.2086** で、**静的メタデータ** のことです。高輝度および広色域画像をサポートするマスタリング用ディスプレイのカラーボリュームメタデータを定義します。カラーボリュームが限られているコンシューマ向けディスプレイのために、マスタリング用ディスプレイに表示されるシーンを記述するのが目的です。たとえば、規格に必須のピーク輝度／コントラストや色域を提供しないテレビの場合、このメタデータによって、ディスプレイは適切に適応および表示されるように信号を変更します。

5つ目は **SMPTE ST.2094** で、**動的メタデータ** を指します。高輝度および広色域画像のカラーボリューム変換のための、**コンテンツ依存** のメタデータを定義します。シーンごとに変更できる、動的メタデータが含まれます。たとえば、**ドルビービジョン** 形式（ST.2094-10で詳細に指定）や、Samsung社の **HDR10+**（ST.2094-40で定義）などがあります。

HDR画像を理解するには、HDRディスプレイの仕様も理解しておかなくてはなりません。

ダイナミックレンジ とはどういう意味でしょうか？　ダイナミックレンジとは、特定の画像処理システムによって正確に伝送したり再現することが可能な、明るさの最大強度と最小強度の比率です（図7.1）。

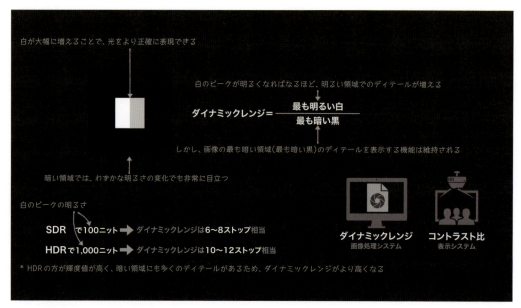

図7.1 画像処理システムのダイナミックレンジ（SDR）

これは、最も明るい白の値を最も暗い黒の値で除算することで表すことができます。したがって、白のピークが明るくなるほど、明るい領域でより多くのディテールが見えるようになりますが、一方で画像の最も暗い領域でもディテールを引き続き表示できるため、最も暗い黒もよく見えるようになります。このように、HDRは単により明るい値を持つだけではありません。暗い領域でディテールに富んだ値を維持しながら、明るい領域でも非常にディテールに富む値を持つことができるため、比率が高いほど画質が向上します。人間の目の仕組み上、暗い領域での明るさの変化は、わずかであっても大変目につきやすいですが、白を大幅に増やすと、光の表現がより正確になります。プロジェクターやモニターなどの表示システムでは、この特性は **コントラスト比** と呼ばれます。システムが生成可能な、最も明るい色の輝度（白、または各チャンネルの

最大値）と最も暗い色の輝度（黒、または各チャンネルの最小値）の比率のことです。一方で、**ダイナミックレンジ**とは**画像処理システム**の特性です。したがって、どちらも同じ概念を指していますが、実際は別個のものです。つまり、SDRモニターでHDR画像を扱うこともできますが……それは「モノクロモニターでもカラー画像を扱うことができる」と言うようなもので、適切ではありません（少し大げさな例ですが、言いたいことはわかっていただけると思います）。モニターは、HDRでの作業に合わせた仕様のものを選ぶ必要があります。

明るさの点で言うと、SDRは約6〜8ストップの光に相当する**ダイナミックレンジ**で、最高100ニットです。HDRモニターは通常10〜12ストップの光に相当する**ダイナミックレンジ**で、最高1,000ニットです。HDRの方が輝度値が高く、暗い領域にも多くのディテールがあるため、ダイナミックレンジがより高くなります。ところで、私はここで**ニット**と**ストップ**という2つの光の単位を使っています。**ストップ**とはシーンで光を測る基準であり、撮影監督が現場で使用する伝統的な単位です。一方で**ニット**とは、ディスプレイが発する光の量を測るのに使用する単位です。HDRでは**ニット**を使用することが多いので、少し説明しておきましょう（図7.2）。

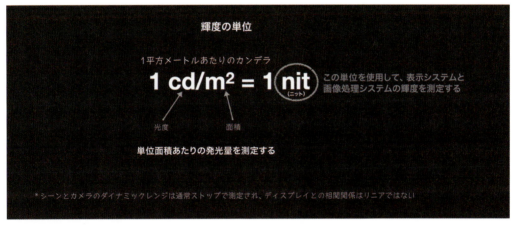

図7.2 ニット

1ニットは1**カンデラ毎平方メートル**に等しく、**輝度**の**国際単位系（SI）**に基づいています。**カンデラ**は**光度**の単位、**平方メートル**は**面積**のSI単位です。**ニット**は**国際単位系**には属しませんが、**表示システム**や**画像処理システム**で**輝度**を測定するための標準単位です。本書では、特にHDR画像を扱う際に頻繁に使用します。**輝度**とは、特定の方向に進む光の単位面積当たりの光度を測光したものです。特定の領域を通過する**光の量**、特定の領域から放出または反射される光の量、特定の**立体角**内に入射する光の量を表します[1]。重要なのは、RGBパレードなどの機器の読み方を理解して、ディスプレイで視覚化されない領域の輝度を認識したり、入力でも出力でも、画像に含まれる輝度データを分析的に知覚することです。HDRには輝度値を最大10,000**ニット**まで含めることができますが、現在の表示技術で到達できるのは最大4,000です。しかし、今後この状況は変わり、データが使用可能になる可能性が高いです。**シーン**と**カメラのダイナミックレンジ**はたいてい**ストップ**（カメラがとらえる実際の光を測定したり、露光パラメーターを調整するために現場で使用される単位）で測定され、**ディスプレイ**との相関関係はリニアではありません。

明るさとHDRの関係をはっきりと理解するために、図を使って説明しましょう。SDRの輝度の範囲全体を、明るさゾーン別に示します（図7.3）。

図7.3「明るさゾーン」別で示した標準ダイナミックレンジ（SDR）（HDRの輝度機能と比較するために輝度レベルを単純化）

標準化された最大の輝度レベル（参照ピークレベルと呼ぶことにします）は、100ニットです。このように、最大ピークの割合を割り当てて、画像のすべての明るさレベルにラベル付けします。しかし、100ニットの最大ピークよりも明るく露光されたすべての要素は、どうなるでしょうか？　ただクリップされるだけで、最も明るいレベルよりも明るくすることはできません。その情報は、SDRレベルで許容される最大（100ニット）の白まで平坦化され、SDRにはスーパーホワイトがないため、それらのディテールは永久に失われます。つまり、8ビットモニターなら範囲全体を視覚化できますが、当然ながら、参照範囲内で作業したい場合は、白のピークを100ニットで表示するようにモニターをキャリブレーションしなくてはなりません。この時点で、SDRの輝度値を大きくしてSDRの範囲を広げれば、画像を明るくできると誤解する人がいそうですね。それは大きな間違いです。図7.4をご覧ください。

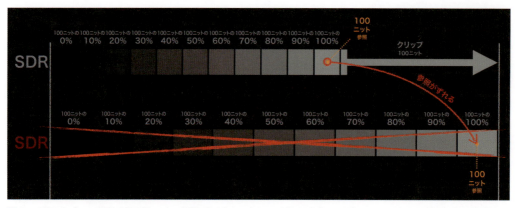

図7.4 明るさゾーンを引き伸ばしても、標準ダイナミックレンジ（SDR）をハイダイナミックレンジ（HDR）に変換することはできません。

SDRレベルを引き伸ばしても、ホワイトポイントが基準のキャリブレーションからずれて、伸ばしたSDRが少し明るくなるだけです。しかし、値の数と実際の信号レベルは改善されず、さらに悪いことに芸術的意図が台無しになってしまいます（明るい値を暗い値と同じだけ引き伸ばすと、画像のコントラスト比は同じままです）。ですから、これは行わないでください。

HDRの非常に大きい利点の1つが、より明るい値を使用して、明るい領域で豊富なディテールを表示できるだけでなく、暗い領域でもディテールに富んだ大変深みのある黒を使用できることです。つまりHDRでは、SDRの100ニットの参照レベルを超える明るさレベルを用いて、明るさゾーンを追加することができます。

そのため、最大の明るさの割合を用いて、基準となる相対的な白のピークによって画像の輝度を測定するのではなく、**PQ**を使用して、画像処理システムとディスプレイの間で「絶対的」[2]に輝度をレンダリングするようキャリブレーションされたシステムを使用します（図7.5）。

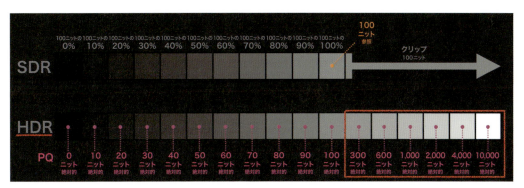

図7.5 標準ダイナミックレンジ（SDR）vs ハイダイナミックレンジ（HDR）の「明るさゾーン」

輝度レベルは、輝度の標準化された単位であるニットで呼びます。システム全体が巨大なカラーボリュームでエンドツーエンドで標準化され、密度の高い値でより暗い輝度レベルを表すことができるため、より深みのある黒や、より明るく彩度の高い色を表現できます。また、現在の最新技術で表示可能なカラーデータをより多く格納できます。HDRなら将来もずっと使えます。ほかの画像処理テクノロジーと違い、HDRはこれからもなくなることがありません。しっかり準備しておきましょう。

SDRとHDRの違いをシミュレートしていきます。違いをわかりやすくするため、少し誇張して示します。ここで本書に掲載した画像は、HDRビデオ画像とは明らかに違うことに注意してください（HDRを印刷することはできません。HDRとは、印刷されるメディアではなく、表示されるメディアです）。しかし、違いを理解するための主な特徴は再現できています。同じ画像を2つのバージョンで使用します。左はSDRバージョンで、右はHDRバージョンです。2つのバージョンを重ねて、画像を分割してみましょう（図7.6）。

図7.6 標準ダイナミックレンジ（SDR）vs ハイダイナミックレンジ（HDR）のレンダリングインテントのシミュレーション

最初に気付くのは、おそらく彩度のレベルでしょう。HDR画像の方が色彩豊かで鮮やかなのは、数ページ前に説明したように、原色の明るさが、SDRバージョンよりも明るい値に達することができるからです。いずれも明るさのレベルに関連しますが、ハイライト（この写真では特に目の横）をご覧ください。SDRバージョンでは白がクリップされ、ハイライトのディテールが平坦化されています。対称的に、HDRバージョンでは、カラーボリュームのより高い値に達することができるため、クリップは発生せず、表現できる明るさレベルがずっと多くなっています。グリッターの細かいディテールでも同じことが起き、画像の高周波数（ハイライトでの細かいディテール）がSDRでは平坦化されるため、シャープネスの知覚に影響が出ています。これは、HDRのもう1つの副次効果です。画像の高周波数[3]ではコントラストが高くなるため、よりシャープな見た目になります。**クリップ**が発生すると、クリップ領域でディテールが失われます。たとえば、赤の値が100ニット、緑の値が200ニット、青の値が800ニットとすると、SDRでは平坦な100%の白（100ニットの最高の白）として表示されますが、HDRでは非常に鮮やかな青（紫が少し混ざった色）になります。つまり、クリエイティブな面で言うと、SDRでは表示不可能な色を表現できるというわけです。このシミュレーションで見られるもう1つのアーティファクトは、**ポスタリゼーション**（**バンディング**とも呼ばれます）です。女性の首に注目してください。HDRバージョンでは、シャドウが滑らかなグラデーションになって、顎の形を詳細に示しています。一方左側では、サンプル密度が足りないため、どこまでが顎でどこからが首なのかよくわかりません。これがバンディングです。このアーティファクトは画像圧縮によっても発生しますが、それはまた別の話です。これは色の問題に関連しており、このシミュレーションの目的は、皆さんに考え方を理解してもらうことです。最後に比較したいのは、HDRの強みの1つである黒レベルです。鮮やかでコントラストの高い画像の知覚には、白レベルの明るさに対して黒レベルがどのくらい暗いのかということと、わずかな違いでシャドウ内のディテールを定義する能力も関係してきます。HDRバージョンでは、横顔が非常にはっきりと示され、まつげ、鼻筋、口をかなり詳細に確認できます。しかし左側のSDRでは、黒の背景と髪の毛が同じ値になっており、首のシャドウは背景に溶け込んで、何も情報が見えません。したがって、HDRとSDRバージョンの背景の黒レベルの輝度レベルを比較すると、左の方が「ミルキー」に見えます。

SDRとHDRは異なるクリエイティブメディアであるため、映画では通常、システムごとに1つ、合わせて2つの個別のグレーディング処理を施します。一方のダイナミックレンジはもう一方で機能しないことが多いため、創作意図（または、SDRの制約内でなるべく意図に最も近いもの）を維持するには、すべてを2回行わなくてはなりません。しかし、色の観点からどちらがゴールデンマスターであり、最初に方向性を定義するものであるかは、今日では映画制作者によって異なります。制限のあるSDRバージョンで開始し、その後HDRメディアに転送するのを好む人もいれば（2つがかなり似通ったルックになる）、HDRバージョンで開始し、その後はカラリストに任せてSDRに転送するのを好む人もいます（補正処理でSDRの制限に対処することで、映画のルックの差を縮める）。私たちはまだ移行の途上にあります。しかし、VFXアーティスに求められているのは、受け取るカラー情報をすべて維持して、創作意図をエンドツーエンドで確保することです。必要な情報をすべて提供している限り、カラースイートで下される芸術面の決断を私たちが気にする必要はありません。

さまざまな**ビデオ形式**や**伝達関数**（**EOTF**）に関連するHDR規格を理解しましょう。そうすると、画像がスクリーンでどのように表示されるのかがわかるようになります。世の中にはたくさんの情報があります。あやふやにしておかず、明確に理解することが大切でえす。

■ ビデオ形式

HDRディスプレイによってデコードされる信号を詳しく見ていきましょう（図7.7）。

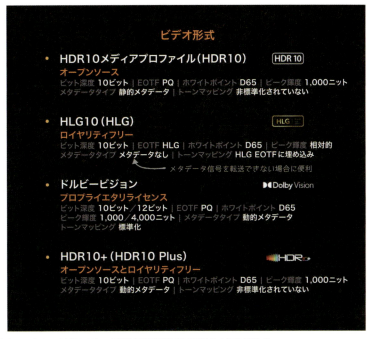

図7.7 ハイダイナミックレンジ（HDR）の電光伝達関数（EOTF）とビデオ形式

▶ HDR10メディアプロファイル

1つ目は、最も一般的なHDR10メディアプロファイル（またはシンプルにHDR10）です。オープンソースであり、無償で誰でも使用できます。ビット深度は10ビットです（チャンネルごとに最大1024の値レベル、色相は合計10億以上です。8ビットに含まれる色相は1600万「しか」ありませんでしたね）。**EOTF**は**PQ**です（これは非常に重要な特徴であり深く分析した方がよいので、後で説明します）。**ホワイトポイント**は**D65**です（前の章で説明したので、もう知っていますね）。**ピーク輝度**は1,000ニット（対して、SDR画像では100ニット）。HDRは最大10,000ニットの情報を格納できましたね。そう、マスター画像データのことですが、ここで指しているデータ（1,000ニット）はディスプレイ信号のことです。そのため、HDR10ビデオ形式をデコードしているディスプレイでは、（マスターHDR画像に格納された画像の白の最大ピークなどに関係なく）1,000ニットを超える輝度値を受け取ることができません。明るさの値が1,000ニットを超えると、1,000ニットに下げられます（クリップ）。現在のところ、多くのコンシューマ向けディスプレイのピーク輝度は1,000ニットにも届かないため、**この制限は現時点では大きな問題になりません**。しかし、いずれにしてもこれより高い値が可能な別の規格もありますし、将来的にはディスプレイの**進化**と共に新しい標準も登場するでしょう。

メタデータ

HDRメタデータの目的は、コンテンツを最適な方法で表示できるようにディスプレイデバイスを補助することです。HDRコンテンツとマスタリングデバイスのプロパティが含まれるため、ディスプレイデバイスはHDRメタデータを使用して、独自の色域やピーク輝度に応じてコンテンツをマッピングします。ディスプレイはそれぞれ異なっているため、メタデータがコンテンツを各ディスプレイの制限に適応させ、そのディスプレイでなるべく良好に画像が表示されるようにします。たとえば、HDRテレビが2台あるとしましょう。1つは**安価**でピーク輝度は600ニット、LEDパネルがあまり**高品質**でないため色域が制限されています。もう1つは**高価**で最大ピークが1,000ニット、深みのある黒と非常に広い色域を備えています。メタデータは、「同じレンダリングインテント」を持つように画像を調整するのに使用されます。そのため、理論上は、同じ画像を両方のテレビで見ると、全体的に**同じ**ように見えますが、当然**良い**テレビの方では、**安価**なテレビでは実現できないディテールを堪能できます。メタデータなしでは、それぞれのテレビが勝手に画像の値を引き伸ばすため、何の論理も維持されず……黒、白、中間調、色、コントラストの見た目が大きく異なってしまうでしょう。規格が重要なのはこのためで、それによって皆が同じルールを守ります。

HDRメタデータは、**静的**と**動的**の2種類があります。**静的メタデータ**は、プログラムや映画全体に適用しなくてはならない設定を記述します。レンダリングを平均化して、暗いシーンと明るいシーンのさまざまなレベルや、プログラム全体で異なるカラーインスタンスすべてが見えないようにします。もちろん、平均化すると、映像全体のより大きな利益のために、映画の特定の瞬間が犠牲になります。このために、別のバージョンのHDRメタデータが存在します。**動的メタデータ**では、プログラムの間隔ごとに異なる設定が可能で、さらにはフレームごとに異なるメタデータセットも設定できます。ほかとは異なるニーズを要するプログラムの特定の部分向けに、最適なレンダリング性能を記述できるため、平均化の犠牲にせずに済みます。

HDR10には静的メタデータがあります。

トーンマッピング

トーンマッピングは、HDRメタデータに基づいてデジタル信号を適切な明るさのレベルに適応させる処理、言い換えれば、メタデータを適用する方法です(これについては後で詳しく説明し、処理の概要を明確にします)。現時点で知っておいてほしいのは、HDR10の**トーンマッピング**は標準化されていないことです。そのため、各メーカーが独自に行っており、メーカーによって結果が異なる事態になってしまっています。これは、オープンソーステクノロジーの自由の「代償」でしょう。意見の一致に至るには時間がかかります。

▶ ハイブリッド・ログ＝ガンマ

ハイブリッド・ログ＝ガンマは、HLG10形式でシンプルに**HLG**(Hybrid Log-Gammaの略)とも呼ばれ、特有の**伝達関数(EOTF)**にちなんで名付けられています。**BBC**および**NHK**(**日本放送協会**)が開発した、HDRの生放送に使用されるシステムで、メタデータを伝送することはできません。この放送信号は最新世代のHDMIの帯域幅を持たないため、ディスプレイに応じたコンテンツのレンダリングをメタデータで定義することができません。そこで、BBCとNHKのエンジニアは、同じEOTFで**ガンマ曲線**と**対数曲線**を組み合わせた、SDRと下位互換の伝達関数を開発しました。一定の妥協のもと、すべてに機能する限定的な信号です。このライセンスはロイヤリティフリーなので、使用料を支払う必要はありませんが、ライセンスをリクエストして使用許可を得なくてはなりません。ビット深度は10ビット、ホワイトポイントはD65、ピーク輝度は放送されるコンテンツのパラメーターに対して**相対的**で、前述したようにメタデータはありません。トーンマッピングは、HLG EOTF自体にもともと**埋め込まれています**。

▶ ドルビービジョン

次に、**ドルビービジョン**があります。これには Dolby Laboratories 社からのプロプライエタリライセンスが必要です。今日における HDR の最高品質規格の1つです。10または12ビットを使用し、EOTF は PQ、ホワイトポイントはいつものように D65 です。もう1つの大きな違いは、ピーク輝度が1,000から4,000ニットへと上がることです。メタデータは動的なため、画像信号をフレーム単位で正確に調節できます。さらに、トーンマッピングが標準化されています。**ドルビービジョン**は非常に人気で、広く流通しています。

▶ HDR10+

最後は **HDR10+** です。実質的には HDR10 と同じですが、動的メタデータが追加されています。

これらのビデオ形式で、HDR の扱い方に影響を及ぼすものはあるでしょうか？　特にありません。ただ、データを損失したり、芸術的意図が変更されないように、HDR マスターのすべての品質を維持するカラーマネジメントワークフローを使用しましょう。そう、それが本書の目的でしたね？　しかし重要なのは、これらの規格を知っておくことです。HDR コンテンツを視覚化するためにモニターが受け取る信号は、これらの標準のいずれかに適合する必要があるからです。画像処理システムと表示システムの足並みが揃っていないといけません。

■ HDR 向け電光伝達関数（EOTF）

ここで、HDR 向けの伝達関数（または EOTF）を詳しく見ていきましょう（図7.8）。

図7.8　ハイダイナミックレンジ（HDR）の標準の電光伝達関数（EOTF）

▶ 知覚量子化器（PQ：Perceptual Quantizer）

私たちにとって最も重要なのはこれでしょう。万能なマスタリング用の伝達関数で、PQとも呼ばれます。丁度可知差異（JND：just noticeable differences）、すなわち光の増分に対する人間の知覚に基づく、ノンリニアの値の分布を使用します。それが、PQという名称の由来です。このEOTFの最大輝度は、10,000ニットに達します。この伝達関数は私たちVFXアーティストにとって非常に重要であるため、すべての機能を理解できるよう、別のセクションで詳しく説明します。PQは、HDR10、HDR10+、ドルビービジョンのEOTFです。

▶ ハイブリッド・ログ＝ガンマ EOTF

もう1つはハイブリッド・ログ＝ガンマEOTFで、関数の前半部分のガンマ曲線と後半部分の対数曲線で構成されます。前述したように、SDRシステムと下位互換性があります。このEOTFはHLG10ビデオ形式内で使用され、PQから変換することができます。

▶ BT.1886

そして最後がBT.1886です。これはSDRの伝達関数で、Rec. 709と同じですが、Rec. 2020の原色内に割り当てられます。したがって、HDRワークフロー内のSDRマスタリングオプションです。ガンマ補正や100ニットのピーク輝度（最大輝度）など、SDRのすべての機能が維持されます。これは、PQから外挿することもできます。

私たちにとって、HDRをマスタリングして表示するためのメインの伝達関数は、PQです。

■ HDRテレビ vs HDRシネマ

HDR規格に関するこれらすべての情報を整理するために、HDRシネマおよびテレビのさまざまな空間を比較してみましょう。

ドルビーHDR規格を、最近非常に人気のテレビ（ドルビービジョン）とシネマ（ドルビーシネマ）に使用して、同じブランド規格であっても、コンテンツがスクリーン上でレンダリングされる方法がどのように違い、どういった要素が2つを違うものにしているのか、また何が同じなのかを説明します。はっきり言うと、ドルビーシネマとは特注の上映システムです。規格が適用されるのは上映される画像だけではありません。もっと言えば、壁の色や素材からスクリーンの表面の仕様まで、室内環境がコントロールされています。映画内の画像を条件付けるすべてが、ドルビーシネマ規格の考慮の対象です。使用するのは、Christie社製のカスタマイズされたデジタルシネマ映写機です。つまり、ドルビーシネマとブランディングされたコンテンツは、マスタリング用ドルビーシネマ上でのみグレーディングおよびマスタリングすることができます。

もちろん、Eclair Color（SonyおよびBarcoの改造プロジェクターを使用）や、Samsung Onyxシネマ（LEDスクリーンを使用）など、ほかのHDRシステムもありますが、特徴を比較しやすくするために、ドルビーシネマ規格のみ取り上げることにします。

次に比較対象に追加するのは、オープン標準の **Ultra HD Premium** です。これは、世界有数の家庭用電化製品メーカー、映画およびテレビスタジオ、コンテンツ配信業者、テクノロジー企業で構成される、**UHDアライアンス**によって策定されたものです。この規格は、解像度、HDR、色、そのほかのビデオおよびオーディオ属性に性能要件を設け、HDRによる最善の4K UHD体験をコンシューマに提供することを目指しています。

つまり、テレビ規格が2つ、シネマ規格が1つあるということです。それらを比べていきましょう（図7.9）。

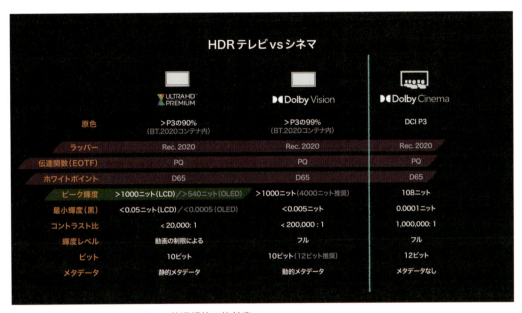

図7.9 HDRテレビ vs HDRシネマの共通規格の比較表

▶ 原色

1つ目は、**原色**です。**Ultra HD Premium**の最小要件は、P3色域の90％以上に到達することで、高いほど良いとされています。**ドルビービジョン**テレビ規格の場合、P3色域の最小は99％なので、この点においては**ドルビービジョン**の方が高い水準にこだわっています。**ドルビーシネマ**の要件は、フル**DCI P3**です（DCI P3はDigital Cinema Initiatives – Protocol 3の略）。P3および DCI P3は指す色域は同じですが、P3（Display P3とも呼ばれる）とDCI P3では伝達関数が異なります。DCI P3はSMPTEによって**デジタルシネマ**用に策定されたもので、**リファレンスプロジェクター**やコントロールされた環境に関する一連の推奨事項に加え、**レビュールーム**や**劇場**用の重要な画像パラメーターに関する許容誤差を定義しています。

▶ ラッパー

ラッパー、つまり上の**原色**で指定された色域を含む色空間は、すべてのHDR規格で共通の **Rec. 2020** です。**Rec. 2020**の**原色**のセットは**スペクトル軌跡**上にあり、理論的には100％**純色**で、ほかのディスプレイ色空間はその色域内に割り当てられるということを思い出してください。非HDRコンテンツで考えた場合、SDRは **Rec. 709** 色空間を使用します。

▶ 伝達関数

「ディスプレイ」伝達関数（EOTF）も一貫しており、PQです。先ほどと同様、SDRは一般的なRec.709ガンマ補正をEOTFとして使用します。

▶ ホワイトポイント

もう1つ重要なのは**ホワイトポイント**で、すべてのHDR規格で同じ**CIE標準昼光光源D65**になります。

▶ ピーク輝度

次は、HDRの最もよく知られた特長の1つ、**ピーク輝度**に移りましょう。**Ultra HD Premium**は、LCDスクリーンには最低1,000ニット、有機発光ダイオード（OLED）スクリーンには540ニットが必要と定めています[4]。OLEDスクリーンのピーク輝度が低くてもよいのは、OLEDスクリーンの黒レベルはLCDスクリーンよりも暗いという事実に基づいており、ここで本当に大切なのはコントラスト比です。**ピーク輝度**を上げるか、**最小輝度**を下げることで、コントラスト比を上げることができます。**ドルビービジョン**では、標準化された**最小ピーク輝度**は最低1,000ニットですが、コンテンツのマスタリングには4,000ニットが推奨されています。テレビとシネマの大きい違いの1つがここにあります。**ドルビーシネマ**の場合、**ピーク輝度**は108ニットです。上でコントラスト比について述べたように、ピーク輝度は最小輝度（黒）に直接的に比例しています。実際の例で考えてみましょう。テレビはごく小さい「光」のパネルを使用して画像を作ります。そして、これらの小さい「電球」の強さが非常に弱くなったとしても、常にある程度の光を放っています。しかし、映画のスクリーンは光を放っていません。映写機によって放たれた光を反射することから、光線の強度が低いと、環境内に残る反射光の影響が少ないため、黒レベルの表示にはプラスの効果になります。重要なのはコントラスト比です。前述したように、SDRは100ニットが最大です。

▶ 最小輝度（黒）

Ultra HD Premiumは、LCDスクリーンで最大0.05ニット、OLEDスクリーンで0.0005を許容値と定めています。このように、OLEDはLCDよりも深い黒を実現できます。**ドルビービジョン**の最小輝度（黒）は、0.005に設定されています。**ドルビーシネマ**では、なんと0.0001……本当に真っ暗です。

▶ コントラスト比

次は、**コントラスト比**について考えましょう。テレビのディスプレイの標準範囲は、**Ultra HD Premium**では最小で20,000:1、**ドルビービジョン**規格で200,000:1以上です。しかし、**ドルビーシネマ**の仕様を見ると、コントラスト比は1,000,000:1で、ずば抜けて高くなっています。しかし2019年、「Journal of the Society for Information Display」の記事で、映画業界にHDRを広く普及させるために取り組まなくてはならない課題と、取り入れることのできる潜在的な解決策について考察されました。「**残念なことに、優れた黒レベルが画像品質に著しく影響を与えるにも関わらず、映画を観に来たほとんどの人がその恩恵を受けられないのは、出口の表示や明るい画像が観客に反射する光害のためです**」と指摘されています[5]。それでも、**ドルビーシネマ**には卓越したコントラスト比の意図があり、認証はスクリーンの仕様を超えて、全体的な試写室環境まで広がっています（図7.10）。

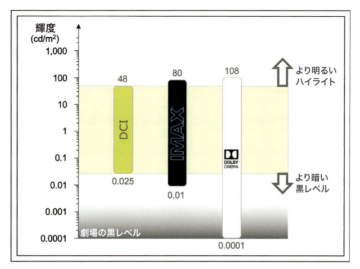

図7.10 シネマ規格の比較 [「Information Display」35巻、5号、9–13ページ、2019年9月26日初出、DOI: (10.1002/msid.1059)]

▶ 輝度レベル

輝度レベルは **Ultra HD Premium** では**動画に応じ**、**ドルビー**ではビジョンとシネマの両方が広い範囲に対応しています。

▶ ビット深度

ビット深度に関しては、**Ultra HD Premium** は10ビットを使用し、**ドルビービジョン**は10ビットまたは12ビット（推奨）を使用できます。**ドルビーシネマ**の標準は12ビットです。

▶ メタデータ

ここで比較する最後の要素は、**メタデータ**です。**Ultra HD Premium** では**静的**、**ドルビービジョン**規格では**動的**です。**ドルビーシネマ**に関しては、映画を表示するチェーン全体が標準化され、プロジェクターは常に同じ基準でキャリブレーションされているため、当然メタデータは不要です。画像のレンダリングをディスプレイの「機能」に合わせるためのメタデータは必要なく、表示の必要に合わせて画像はエンコードされています。

マスタリングに関する注意：劇場用のHDRがマスタリングされるのは、多くの場合、「従来」の **SDR** がデジタルシネマ映写機でマスタリングされた後です。

前の表（図7.9）には、私たちが念頭に置いておくべき重要な情報が含まれています。まず気付くのは、HDRに使用される色空間は必ず **Rec. 2020** であることです。たとえそれが **P3** の一部を含むラッパーであっても、その色空間は異なるシステム間で一定です。**EOTF** も一貫しており、常に **PQ** です。したがって**ホワイトポイント**も **D65** のままです。**最小の参照ピーク輝度**については、1,000ニットになっています（OLEDの仕様は、コントラスト比を高める最小輝度（とりわけ低い）に応じて異なりますが、参照レベルを均一にするために1,000ニットが推奨されます）。

これで、HDR画像がどのように表示されるのかわかったと思います。基準となる仕様についてもきちんと把握できますね。

PQ EOTF

既におわかりでしょうが、PQ EOTFはHDRコンテンツを表示するための最も重要な要素の1つです。そのため、この伝達関数と参照レベルの特徴について考察していきましょう（図7.11）。

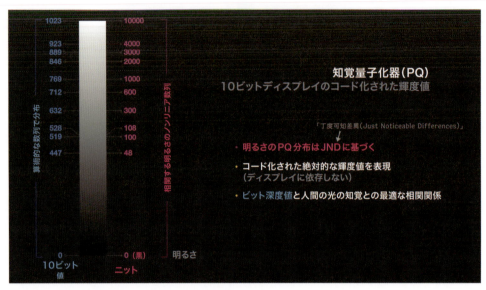

図7.11　10ビットディスプレイのコード化された輝度値

図7.12が表しているのは、10ビットの値の分布と、それに対応するディスプレイの輝度レベル（ニットで測定）の明るさのスケールです。さまざまな輝度ベンチマークが、異なる規格を示しています。一番上は10,000ニットで、PQコンテナの最大輝度レベルです。図7.12で、ビットとニットの値がどのように対応するのか確認しましょう。

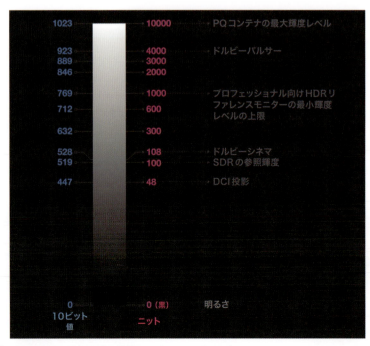

図7.12　ハイダイナミックレンジ（HDR）の輝度レベルのベンチマーク

下から1つ目の48ニットは、10ビットスケールで448の値を使用し、従来の**DCI投影**に相当します。その上は100ニットで、**SDRの参照輝度**を示しています。全体のほぼ中間の位置であることに注目してください。これは、私たちが明るい領域よりも暗い領域の方で、より敏感に違いを認識できるからです。そのため、非常に明るい領域よりも、この領域を表現するために、より多くの強度サンプル（ビット値）を使用しています。その上は、**ドルビーシネマ**の108ニットと、プロフェッショナル向けHDRリファレンスモニターの**最小輝度レベルの上限**を示す1,000ニットがあります。もう1つの重要な基準は4,000ニットで、**ドルビーパルサー**モニターを使用して**ドルビービジョン**コンテンツをマスタリングするために使用されます。最も高い10,000ニットは理論上のものであり、現時点でこのレベルの輝度を表示できる商用モニターはありません。

左側には、10進数のビット値の算術的な数列、右側には輝度の分布が示され、スケールはリニアではありません。この数列の対応関係が、この**伝達関数**の名前の由来になっています。

曲線のこの部分は、SDRスクリーンが表示可能な値（最大100に達します）を表しています。曲線の残りの部分は、SDR範囲よりも100倍大きい輝度値を表します（図7.13）

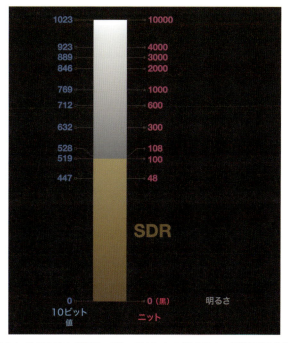

図7.13 標準ダイナミックレンジ（SDR）の輝度レベル、10ビットの値の分布、知覚量子化器（PQ）の電光伝達関数（EOTF）の関係

この青の領域が表すのは、ほとんどのコンシューマ用ディスプレイで表現できるピーク輝度です。ご覧のように、いくつかは1,000に到達していますが、ほとんどはそれを下回り、300〜600の間です。これがメタデータが必要な理由で、それぞれのディスプレイの仕様に合わせてコンテンツの輝度を調整します。もちろん、1,000ニットを表示できるディスプレイであれば、ピークが300のディスプレイよりもハイライトでより多くのディテールを表示できます。それでも、これらの範囲より下の輝度分布の見た目はよく似ています。スクリーンの品質でのレンダリングと変わらない忠実度でマスタリングの意図を維持します（図7.14）。

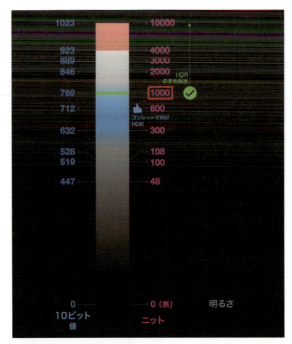

図7.14 ハイダイナミックレンジ（HDR）ディスプレイのベンチマーク

一番上の4,000〜10,000ニットの範囲（先ほどの図では赤で表示）は、将来、互換性が実現したときのために確保されています。そのため、ディスプレイが進化して、ピーク輝度をさらに高くできた場合は、**PQ EOTF**を使用してマスタリングしたコンテンツの値を再現できるようになります。つまり、HDRには将来があるということです。今はデータの無駄のように思えるかもしれませんが、もしビット深度10を超えることが将来あったとき、今の10ビット値は全体から見れば10分の1より少なくなり、ディテールが真に必要な低い領域には十分な値があります。つまり、より大きい利益のために、意識的に妥協しているのです（図7.14）。

HDRの最小参照レベルを示すラインは、1,000ニットです。そのため、コンテンツが**Ultra HD Premium**規格でマスタリングされている場合（かなり一般的）、最低でも最大1,000ニットまで値を確認できなくてはなりません。**ドルビービジョン**コンテンツでも、最大1,000ニットまで確認すればよいですが、**Dolby社**はマスタリング用に4,000ニットを推奨しています（図7.14）。

では、**PQ伝達関数**を構築するのに使用された基準は何でしょうか？　リニアでないなら、対数でしょうか？　そうとも言えません。明るさの**PQ**分布は、**丁度可知差異（JND：Just Noticeable Differences）**に基づいています。つまり、10進表記のビット値の分布には、私たちが光を知覚する方法が考慮されているわけです。人間の光の知覚に基づいて明るさの段階が数値化されるため、**知覚量子化器（PQ）**と呼ばれます。本書で前述したように、私たちは暗い領域ではわずかな明るさの違いも知覚しますが、明るい領域で顕著な光の変化を知覚するには、明るさを大幅に増やさなくてはなりません。

PQ EOTFは、絶対的な符号化した明るさの値を表します。したがって、ディスプレイに依存しません。

これにより、ビット深度から得られる値と人間による光の知覚方法との間に、最適な相関関係が確立されます。

少し整理しましょう。PQは10ビット以上のビット深度に適用できますが、それより低いビット深度には適用できません。たとえば、**ドルビーシネマ**は12ビットを使用して、低光量の領域（明るさのわずかな差を表現できる余地が必要）でも、大きいコントラスト比を実現できます。

ここで疑問が浮上します。PQが絶対的な符号化した明るさの値を表しても、モニターがすべて異なる場合、どのようにして画像をすべて同じ基準で表示できるのでしょうか？ もちろん、メタデータを使って**トーンマッピング**と呼ばれる処理を行います。

トーンマッピング

トーンマッピングは、デジタル信号を（この場合は）HDRメタデータに基づいて適切な明るさのレベルに適合させる処理です。この処理は、画像データに**EOTF**（**電光伝達関数**）を適用するだけではなく、メタデータ情報を使用して、画像データとディスプレイデバイス機能とのマッピングを試みます。市場では多様なHDRディスプレイデバイスが販売され、それぞれ独自の**ニット範囲**（そのため**輝度レベル**も独自）を持っているため、優れた視聴体験には正確な**トーンマッピング**が必要です。**トーンマッピング**はビデオストリームのメタデータに基づいて行われるため、正確なメタデータが欠かせません。

ソース映像を最高のカメラを使ってHDRで撮影し、ハイエンドのHDRマスタリングシステムでマスタリングすることもできますが、それでも、市場で入手可能なHDRテレビの範囲で最適に表示されるようにしなければなりません。**トーンマッピング**なら、コンテンツからデバイスに対して適切な明るさのマッピングを行え、大幅な劣化もありません。

これから、非常に極端な例を使って、**トーンマッピング**の概念を説明しましょう。

すべての値が含まれたHDR画像があり、それを**トーンマッピング**操作を行わずに、SDRモニターでただ表示するとしましょう。リニアな対応関係ということは、SDRで表示可能なHDRカーブの一部をSDRモニターが抽出することを意味するため、表示される画像から本来のHDRの創作意図が失われてしまいます（図7.15）。

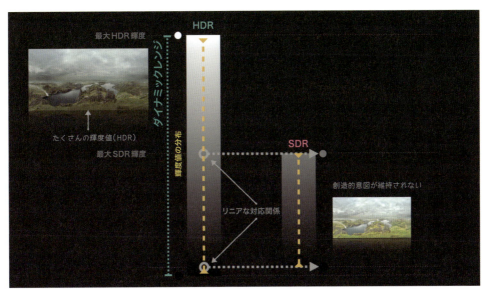

図7.15 HDRとSDR（トーンマッピングなし）の間における輝度値のリニアな対応関係の一例

SDRシステムの**ピーク輝度**、**最小輝度**（黒）、**EOTF**は、HDRシステムと一致しないため、画像は正確に読み込まれず、おかしな見た目になります（図7.16）。

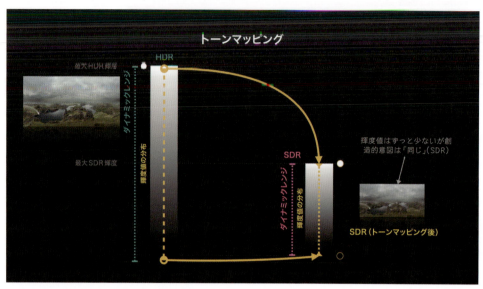

図7.16 HDRとSDRのトーンマッピングの一例

トーンマッピングは、特定の値を離散的に破棄し、より低いダイナミックレンジのフレームワーク内で同じ芸術的意図を維持できるように残りの値を配置することで、**輝度**値の分布を圧縮します。

トーンマッピング操作は、HDRからSDRへ変換するためだけのものではありません。たとえば、VFXのライティングで非常に広く使用されているHDRIパノラマ**Latlong**放射輝度マップなど、任意のHDRIを、ほかのより低いダイナミックレンジにダウンサンプリングするのにも使用されます。**トーンマッピング**とは、露光、ガンマ、ハイライト圧縮、ヒストグラム均等化など、元の画像の特定の側面を維持して芸術的意図をなるべく実現しながら、ダイナミックレンジをより低いコンテナに適合させる処理のことです。

■ HDR信号値

HDRのテーマの締めくくりとして、**BT.709**（SDRシステムの**ガンマ曲線**）、**ハイブリッド・ログ＝ガンマ**、**PQ**という3つの主な曲線（EOTF）の観点から、**HDR信号値**とSDR信号値を比較してみましょう。これにより、それぞれのシステムの実際の輝度レベル機能（および、システム間で**トーンマッピング**を行う理由）を可視化できるようになります（図7.17）。

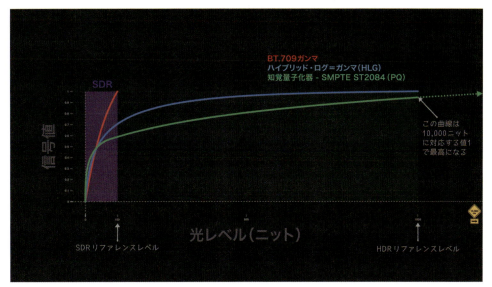

図7.17 ハイダイナミックレンジ（HDR）と標準ダイナミックレンジ（SDR）の信号値

最初に、100ニットの光レベルを表すマーク（SDRの参照輝度）を念頭に置いておいてください。紫の領域はSDRで利用可能な光レベルを示しており、赤の曲線は**BT.709ガンマ**です。ご覧の通り、100ニットより上に情報はありません。

右下にあるもう1つのマークは1,000ニットで、これはHDRの参照光レベルです。前述のように、**PQ**信号値は最大10,000ニットに達することができますが、わかりやすくするために最大1,000ニットにしています。ご覧の通り、**PQ**曲線には、1,000ニットのマークを超えてもハイライトを高くできる余裕が少し残っています。**ハイブリッド・ログ＝ガンマ**（HLG）曲線のピークは1,000ニットで、傾斜は**PQ**とは大きく異なります。**HLG**の傾斜は、SDRの領域でより大きくなっています。その領域では、明るさの遷移が**BT.709**曲線と非常によく似ていますが（100ニットのマークを信号値の値1まで引き伸ばすと、特にそうです）、これはSDRとHDRの両システム間で信号の互換性を維持するためです。**HLG**は、**トーンマッピング用のメタデータ**を必要としないように設計されていましたね。ディスプレイは、この標準化された曲線に信号を適合させます。

これで、キャプチャされた画像から表示された画像まで、HDRがエンドツーエンドで機能する仕組みを理解するための情報が十分に得られたと思います。次は、より実践的なテーマに移って、HDRやSDR、さらには現在または将来可能なほぼすべてのシステムと互換性のあるワークフローで作業できるようになりましょう。次の章では、ACESワークフローとその構成要素を学びます。

注釈

1 立体角：ある点から放射されるよい空間の一部分で、立体投影内部に構成される立体領域を表します。幾何学において、立体角は、特定のオブジェクトがカバーする、特定の点からの視野の量を測定したものです。たとえば、カメラのフラスタム（視錐台：カメラから見える範囲）はレンズを頂点にした**ピラミッド**で表され、それが立体角です。

2 人間の輝度変化に対する知見に基づいています。この章で後ほど説明します。

3 **周波数**：画像の周波数とは、ピクセルあたりの強度の変化率のことです。画像内に白から黒に変化する部分があるとします。その変化に数ピクセルかかるなら、低周波数です。周波数が高ければ高いほど、強度の変化を表現するのに必要なピクセル数が少なくなります。簡単に、「画像をぼかすと、周波数が下がる」と考えるとよいでしょう。

4 《LEDとは、発光ダイオード（Light Emitting Diode）の略です。半導体を通る電子の動きによって光をつくる、小さい半導体素子です。LEDは、小型蛍光灯や白熱電球と比べて比較的小さいですが、非常に明るくなります。しかし、LEDはテレビのピクセルとして使用できるほど小さくありません。大きすぎます。そのため、LEDは液晶（LCD）テレビのバックライトとしてのみ使用されます。OLEDとは、有機発光ダイオード（Organic Light Emitting Diode）の略です。簡単に言えば、OLEDは電気を供給されると発光する有機化合物で作られています。LEDと大して違わないように思えますが、OLEDは非常に薄くて小さく、極めて柔軟性に優れています。OLEDテレビでは、各ピクセルそのものが独自に発光します。[…]LEDとOLEDテレビの違いには、照明方法、小売価格、エネルギー効率レベルなどがあります。これらの違いを以下にリストアップします。1. LEDテレビとOLEDテレビの主な違いは、OLEDテレビのピクセルが自己発光である一方、LEDテレビではLEDを使用してLCDディスプレイを照明しています。2. LEDテレビは現在のところOLEDディスプレイより安価ですが、専門家は最終的にOLEDテレビの価格は大幅に下がると予想しています。3. OLEDテレビの視野角はLEDテレビよりも広いです。OLEDでは、極端な角度から視聴しても色が白っぽく見えません。4. OLED技術により、LEDテレビよりも軽くて薄いディスプレイを開発できます。5. OLEDテレビは、現在利用可能な薄型の発光ダイオードテレビの中で、最も深みのある黒を実現できます。6. OLEDは非常に多くの色を再現できますが、現在のHDTVテクノロジーと比較すると、このメリットは非常に小さく、使用できる色の数は限られています。7. OLEDテレビは、LEDテレビと比べるとエネルギー効率が高いです。》「Comparison of LED and OLED」（Scholars Journal of Engineering and Technology（SJET））（Bagher, A. M.著、2016年、4（4）:206–210、ISSN 2347-9523）

5 「Taking HDR Cinema Mainstream」（Ballestad, A.、Boitard, R.、Damberg, G.、Stojmenovik, G.著、2019年、**Society for Information Display**、https://doi.org/10.1002/msid.1059）

Section IV

ACES（アカデミーカラー
エンコーディングシステム）の
ワークフロー

8

ACES

■ 将来を見据えたカラーマネジメントシステム

この章ではACESについてお話しします。そもそも、ACESとは何なのでしょうか？

ACESは、映画やテレビ番組の制作ライフサイクル全般におけるカラーマネジメントの業界標準です。ACESは、画像のキャプチャから編集、VFX、マスタリング、上映／放送、アーカイブ、将来的なリマスタリングまで、一貫したカラーエクスペリエンスを提供し、映画制作者の創造的ビジョンの実現を確実なものにします。ACESのメリットはクリエイティブ面だけではありません。デジタルカメラやフォーマットが多様化し、デジタル画像ファイルの共有による世界規模のコラボレーションが可能になったことで制作数が急増していますが、それらに伴い発生している制作、ポストプロダクション、配信、アーカイブにまつわる多くの重要な問題に対処し、解決します。

ACESは、現在および将来のほぼすべてのワークフローに適用できる、無償かつオープンな、デバイスに依存しないカラーマネジメントおよび画像交換システムです。映画芸術科学アカデミーの後援のもと、業界トップクラスの科学者、エンジニア、エンドユーザー数百名の協力を得て開発されました。

ACESの仕様を見てみましょう（図8.1）。

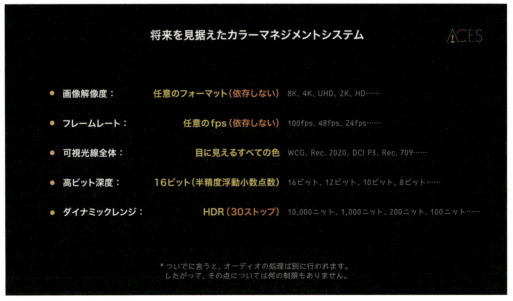

図8.1 アカデミーカラーエンコーディングシステム（ACES）の仕様

▶ 解像度

画像解像度はどうでしょうか？　マルチフォーマット対応です。つまり、フォーマットを問いません。ACESは解像度に依存しないため、ピクセルを好きな数だけ、好きなアスペクト比で分布させることができます。そこは変わりません。したがって、将来新たに開発される解像度にも、ACESは対応できます。

▶ フレームレート

フレームレートも解像度同様、あらゆるfps（1秒あたりのフレーム数）に対応しています。**フレームレートにも依存しません**。そのため、将来的により高いフレームレートを採用することになっても、ACESとの互換性は確保されます。

▶ 色域

ACESでは、**可視光線**の範囲内で何色くらい処理できるのでしょうか？　答えは「すべて」です。ACES色空間は、**Rec. 2020**、**P3**、**Rec. 709**など、あらゆるディスプレイ参照の**色域**を含むように設計されているうえ、**CIE xy色度図**も完全に含みます。したがって、目に見える色は基本的に再現できます。ご存じのように、ディスプレイ参照の**色域**はすべて、**スペクトル軌跡**によって定義される色度内の原色セットでコンテクストを与えられています。将来的に、定義される可能性のある新しい色域はすべてそこに含まれることになり、ACESで再現できます。

▶ ビット深度

ACES準拠のコンテナは、16ビットの半精度浮動小数点数で定義されます。なぜでしょうか？　16ビットでは十分な密度で、非常に高い精度で可視光線を処理できるからです。なぜ32ビットではないのかと疑問に思う人もいるかもしれません。確かに、より高密度の32ビットなら精度はさらに上がりますが、ファイルが必要以上に重くなってしまいます。32ビットはカラー演算の処理に最適であり、一部のCGのAOVにも適しているかもしれませんが、色を表現するだけでなく、アーティファクトを発生させることなく色の特定の領域を引き伸ばせる余地があるという点で言うと、16ビットが最適です。また、これは次のことに直接関係しています。

▶ ダイナミックレンジ

ACESはHDRに対応しており、最大で30ストップの光を格納できます。ここで重要なのは、ある推定によると、人間の目が識別できるダイナミックレンジは最大24*f*ストップだということです。30ストップはこの範囲をはるかに上回りますが、これは前述したように、ビット深度、さらには色密度との関係において考えます。光の**ストップ**は基本単位ではなく、写真の露光における光の増減の測定方法です。光の**ストップ**（段）は、＋1ストップが2倍、－1ストップが1/2です。つまり、最初の露光に関係なく、1ストップ増えると光量は2倍に、1ストップ減ると光量は1/2になります。2ストップは2倍の2倍または1/2の1/2です。つまり光量は4倍または1/4になり、このように、指数関数的に増減していきます。**ACES**の30ストップという**ダイナミックレンジ**は、HDRの指標である10,000ニットには十分すぎるほどです（ちなみに、商用モニターで10,000ニットを実現しているものはまだありません）。

ついでに言うと、オーディオの処理は別に行われます。ACESでは画像のみを処理し、オーディオはフレームシーケンスで（後で説明しますが、EXRコンテナ上で）やり取りされます。つまり、オーディオはカラーマネジメントの処理とは無関係で、別のレーンをただ通り過ぎるだけです。

■ ACESの規格：ST 2065ファミリー

ACESの技術仕様については、ACESを規定する規格のリストをご確認ください。最も重要なのは、SMPTEによって標準化された**ST 2065ファミリー**です。その中の5つを挙げておきます。

- SMPTE ST 2065-1:2012（Academy Color Encoding Specification）
  Academy Color Encoding Specification（ACES）を定義する規格。

- SMPTE ST 2065-2:2012（APD Academy Printing Density）
  Academy Printing Density（APD）を定義する規格。分光応答度、APD、APD基準測定装置について規定しています。

- SMPTE ST 2065-3:2012（ADX Academy Density Exchange Encoding）
  Academy Density Exchange Encoding（ADX）を定義する規格。エンコード方式、16ビットおよび10ビットの成分値のエンコードメトリクス、16ビットと10ビットの成分値のエンコードメトリクス間の変換方法などを規定しています。

- SMPTE ST 2065-4:2013（ACES Image Container File Layout）
  SMPTE ST 2065-1:2012（ACES：Academy Color Encoding Specification）準拠の画像を含むファイルのレイアウトとメタデータを規定する規格。

- SMPTE ST 2065-5:2016（MXF Wrapped EXRs）
  SMPTE ST 2065-4で定められている、ACESコード化のモノスコピック静止画シーケンスから、SMPTE ST 379-2で定義されているMXF汎用コンテナへの、フレームおよびクリップベースのマッピングを規定する規格。また、エッセンスコンテナとラベルの値、エッセンス記述子についても定義しています。

SMPTE ST 2065-1:2012はACES色空間について規定しています。このセクションでは、主にACES 2065-1を扱います。次の**SMPTE ST 2065-2:2012**と**SMPTE ST 2065-3:2012**はフィルム濃度のエンコードメトリクスを参照し、**SMPTE ST 2065-4:2013**と**SMPTE ST 2065-5:2016**は、そのデータを格納するコンテナ、つまりEXR専用の最後のコンテナに関するものです。これらについては本書の別のセクションで取り上げます。では次は、**ACESのワーキングスペース**の規格について見ていきましょう。

■ ACESのワーキングスペースの規格

ACESには色専用のワーキングスペースが4つあります。左側に書かれているのは、それぞれの標準の呼称です。

- S-2013-001 **ACESproxy**：ACES画像データの整数Logエンコーディング
- S-2014-003 **ACEScc**：ACESデータのLogエンコーディング（カラーグレーディングシステムで使用）
- S-2014-004 **ACEScg**：CGレンダリングおよび合成用のワーキングスペース
- S-2016-001 **ACEScct**：ACESデータの疑似Logエンコーディング（カラーグレーディングシステムで使用）

ACESプロキシ色空間は、主に撮影現場や編集段階のモニタリング専用です。ACES色補正用空間（ACEScc）はLogで、DI（デジタルインターミディエイト）用に設計されたワーキングスペースです。グレーディングソフトウェアやカラリストがLogエンコード画像を処理する際に使用し、ACESはこれらのシステムに適応して同じ応答を再現します。さらに、このワーキングスペースのバリエーションである**ACEScct（つま先（toe）付きのACES色補正空間）**は、**つま先**（特性曲線の重要な下部の部分で、その挙動が画像の黒レベルと最も暗い領域のルックを定義する）を含めることで、より自然な表現が可能になっています。**つま先（toe）**は、ネガフィルムがサポートする特性の1つです。ACESccよりもACEScctの方が、カラリストは違和感なくグレーディングを行えます。

しかし、ここで最も興味深いのは、リスト中、唯一リニアである**ACEScg（ACESコンピュータグラフィックス空間）**です。これはCGのレンダリングと合成のために考案された、従来の「**リニア**」色空間に代わるワーキングスペースです。なお、NukeでカラーマネジメントにACESを使うように設定すると、本書の前半でも述べたように、原色が定義されていない**デフォルトのリニアライト**ではなく、**ACEScg**が**ワーキングスペース**になります。ACEScgには原色が定義されており、色域もHDRに必要な**Rec. 2020**より広く、しかもリニアなので違和感なく操作できる、最適な**ワーキングスペース**です。

もちろん、**ACES**は現在も有機的に進化しており、色や画像を扱う多くの科学者やエンジニアがシステムの改良に絶えず取り組んでいます。**ACES**についてもっと詳しく知りたい、最新情報を知りたい、コミュニティに質問したいという場合は、**ACES Central**がお勧めです。www.acescentral.comでは、**ACES**の知識を深めたり、コミュニティフォーラムに参加できます。**ACES**のさまざまな最新情報が集まるWebサイトです。実際に**ACES**を使用しているユーザー、機器メーカー、**アカデミー**のスタッフが、質問に答えたり、経験を共有し合っています。先に述べたように、**ACES**はオープンかつ無償で、デバイスに依存しません。OpenColorIOと呼ばれるプラットフォーム上に構築されていることを覚えておきましょう。

OpenColorIO

OpenColorIO（OCIO）は、ビジュアルエフェクトとコンピュータアニメーションに重点を置いた、映画制作向けの完全なカラーマネジメントソリューションです。無料のオープンソースソフトウェアである**OCIO**は、サポートするすべてのアプリケーションでわかりやすい一貫したユーザーエクスペリエンスを提供する一方、ハイエンドのプロダクション用途に適した洗練されたバックエンド設定オプションも備えています。また**OCIO**は、LUTの形式にとらわれず、多くの一般的なフォーマットをサポートしています。なお、**ASWF**によって管理されています。

OpenColorIOはもともとSony Pictures Imageworksが開発し、オープンソース化したもので、2010年にリリースされました。コア設計と**OCIO 1.0**コードの大半は**Imageworks**が作成しており、同社は引き続き**OCIO 2.0**の開発を支援し、貢献しています。OpenColorIO 2.0の設計と開発を主導するのは**Autodesk**です。**Autodesk**は、2017年にプロジェクト活性化の提案書を提出して以来、**OCIO 2.0**コードの大部分を作成してきました。Industrial Light & Magic、DNEG、さらに大勢の個人も多大な貢献をしています。

OpenColorIOは、Windows、macOS、Linuxで安定して安全に利用できること、さらにテストを徹底すること、最新のCPUとGPUで高いパフォーマンスを発揮すること、シンプルかつスケーラブルで、十分に文書化されていること、重要な色および画像処理の規格と互換性があること、可能な限りロスレスな色処理を実現すること、主要なバージョン間で設定の後方互換性を維持すること、すべての新機能が映画、VFX、アニメーション、ゲーム業界のリーダーによって慎重にレビューされること、健全かつ活発なコミュニティがあること、業界で広く採用されることを目指しています。

つまり、OpenColorIOは、VFXおよびアニメーション業界の人々によって、VFXおよびアニメーション業界の人々のために作られたカラーマネジメントプラットフォームと言えます。

■ VFXに重点を置いたACES色空間

次は、私たちの関心分野、VFXについてです。VFX部門が扱う2つの色空間を見てみましょう（図8.2）。

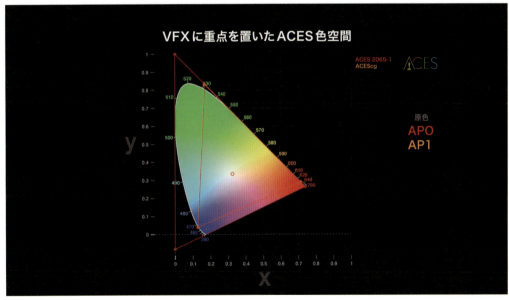

図8.2 ビジュアルエフェクト（VFX）に重点を置いたアカデミーカラーエンコーディングシステム（ACES）の色空間

1つ目はメインのACES色空間で、AP0（APはACES原色（ACES primaries）の略、0はオリジナルのセットを意味します）と呼ばれる独自の原色セットで定義されています。これには、**CIE xyY仕様**で定められている可視光線のスペクトル軌跡が完全に含まれます。**ホワイトポイント**は**CIE D60標準光源**に近く、すべての**ACESワーキングスペース**で共通です。この**色空間**は**ACES 2065-1**で、**ACES準拠**の画像セットはすべてこの色空間にエンコードされます。

さらにもう1つ、VFXアーティストにとって非常に重要な色空間を定義する原色セットがあります。それはAP1で、VFXおよびアニメーションパイプラインで広く用いられているリニアのカラーワーキングスペースである**ACEScg**の**色域**を表します。この色空間を、本書の前半で学んだRec. 2020との関連で見てみましょう（図8.3）。

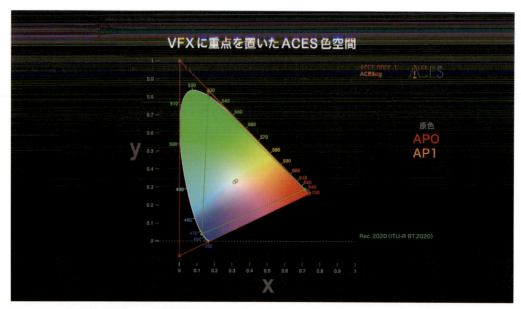

図8.3 VFXに重点を置いたACES色空間

ご覧の通り、**ACEScg**の方がわずかに広く、**Rec. 2020**は**ACEScg**の中に収まっているため、**Rec. 2020**のすべての色機能を実現します。Rec. 2020はディスプレイの色空間で、理論上はディスプレイで生成される可視光線の波長を再現するように設計されています。しかし、**ACEScgはディスプレイ参照の色空間**ではなく、CGの処理に特化して設計された**カラーワーキングスペース**（物理的には実現不可）であるため、ディスプレイの色域の制約を受けません。したがって、ACEScgにはRec. 2020にプラスして、より多くの可視の「**黄色**」が含まれます。でも、なぜでしょうか？ 理由はいくつかありますが、いずれも極めて技術的なことです。ACESに最も貢献した人物の1人であるカラーサイエンティストのトーマス・マンセンカル（Thomas Mansencal）は、ACES Centralで次のように説明しています。「**主にP3をカバーするために、ACEScgはBT.2020に近い色域になっていますが、P3をカバーするために、物理的には実現不可能な原色を必要とします**」概して、あの色空間よりもこの色空間の方が絶対的に「良い」ということではありませんが、目的に応じて、ある特定の色空間の方が便利だということはあります。また一方で、忠実なレンダリングのためには、色空間と原色の選択が非常に重要になります。**ACEScg**は、たとえばHDRで用いられる実際の色域である**P3**（**Rec. 2020**コンテナに**ラップ**される）をカバーしているため、**ACEScg**と**P3**の相関関係から、CGレンダリングに最適なのは**AP0**となり、全体的に実際のスペクトルに近いリアルなレンダリング結果が得られます。

念のために言うと、CGを**ACES 2065-1**にレンダリングするのは避けることをお勧めします。この種の光のレンダリングにはまったく適しておらず、フォトリアルに処理できない負の青の値など、望ましくない値になる可能性があります。

Nukeでカラーマネジメントを**ACES**に設定すると、ワーキングスペースは**ACEScg**になります。これは私たちVFXアーティストにとっての「新たな」**リニアカラーマネジメントワーキングスペース**です。

ACES 準拠の EXR

ソフトウェア間、部門間、スタジオ間で確実にファイルをやり取りするためには、カラーマネジメントワークフローに含まれるすべてのデータの品質を保持できるよう、標準化された方法を遵守することが必要です。SMPTEは、ST 2065-4の仕様で、**ACES画像コンテナファイルのレイアウト**の標準を定義しています。ACES準拠のOpenEXRの仕様を学ぶ前に、OpenEXRファイル形式自体をもう少し理解しておきましょう。

Industrial Light & Magic（ILM）は1999年、デジタルビジュアルエフェクト制作のためのHDR画像ファイル形式、OpenEXRを開発しました。それから数年間の使用と改良を経て、2003年上旬、ILMはOpenEXRをオープンソースのC++ライブラリとしてリリースしました。さらに2013年、Weta DigitalとILMが共同で、ディープイメージとマルチパートファイルのサポートを追加したOpenEXRバージョン2.0をリリースしました。OpenEXRプロジェクトの目標は、このファイル形式の信頼性と最新性を保ち、エンターテインメントコンテンツ制作に適した画像フォーマットとしての地位を維持することです。大幅な改訂はあまり行われず、新機能については慎重に、それに伴う複雑さと比較検討されます。EXR形式は、ハイダイナミックレンジのシーンリニア画像データと関連メタデータを正確かつ効率的に表現し、マルチパート、マルチチャンネルの使用ケースを強力にサポートすることを目指しています。このライブラリは、フォトリアリスティックレンダリング、テクスチャアクセス、画像合成、ディープ合成、DIなど、正確さが求められるホストアプリケーションソフトウェアで広く使用されています。

EXRの主な特徴：

- VFX用のリニアデータコンテナとして考案
- マルチチャンネル、マルチビュー（**モノスコピック、ステレオスコピック、マルチカメラ**）
  - 利用可能なビット深度：
  - 16ビット半精度浮動小数点数
  - 32ビット浮動小数点数
  - 32ビット整数
- HDR
- メタデータ
- 利用可能な圧縮方式：
  - 非圧縮
  - ロスレス：
    - 連長圧縮（ランレングス圧縮、RLE）
    - Zip（1スキャンラインごと、または16スキャンラインごと）
    - ウェーブレット（PIZ）
  - ロッシー：
    - B44
    - B44A
    - DWAA
    - DWAB

スペキュラ、ディフューズ、アルファ、法線、その他さまざまな種類のチャンネルを1つのファイルに保存できるため、情報を別々のファイルに保存する必要がありません。マルチチャンネルという主な特徴を理解するのに役立つ例として、最終的な画像にライティング要素のデータをベイク[1]する（ビューティーパスの）必要性が減るといったことが挙げられます。たとえば、コンポジターが入力キャラの出来に満足できない場合、ファイル内でレンダリングされたさまざまなパスを使用して特定のチャンネルを調整できます。この方法は、マルチパス合成と呼ばれます。なお、**AOV**など、光の再現を目的としないレンダリングを保存することもできます。また、**マルチチャンネル**だけでなく、立体画像や複数のカメラアングルなどのマルチビューにも対応しています。さらに、**マルチパート**機能を使えば、個別であるが関連性のある画像を1つのファイルにエンコードできます。そうすれば、ファイル内の他の部分を読み込むことなく、目的の部分にアクセスできます。

HDRと**色精度**のために、**16ビット浮動小数点数**、**32ビット浮動小数点数**、さらにあまり一般的ではありませんが、32ビット整数のピクセルにも対応しています。もちろん、**メタデータ**も保存できます。また、ディープデータも柔軟にサポート。ピクセルに可変長のサンプルリストを格納できるため、ピクセルごとに異なる深度で複数の値を保存できます。ハードサーフェスやボリュメトリックデータ表現にも対応します。

ロスレスと**ロッシー**両方の**複数の画像圧縮アルゴリズム**をサポートしています。**ロッシー**圧縮は情報を切り捨ててファイルのサイズを小さくするため、画質の劣化が見られます。一方、**ロスレス**圧縮では情報は失われません。スペースを節約する目的でデータを圧縮しますが、処理（時間とコンピュータリソース）が増えます。サポートされているコーデックの中には、フィルムグレインのある画像で**2：1のロスレス圧縮率**を実現できるものもあります。ロッシーコーデックは、見た目のクオリティとデコード性能に合わせて調整されています。

その他のさまざまな機能については、OpenEXRプロジェクトのWebサイト（www.openexr.com）をご覧ください。

▶ ACES準拠のOpenEXRの主な仕様

- OpenEXRファイル形式
  1フレームにつき1ファイル

- RGBまたはRGBA
  モノスコピックまたはステレオスコピック

- 16ビット半精度浮動小数点数
- 非圧縮
- ACES2065-1色空間でエンコード、LUTをデータにベイクしない
  LMT、参照レンダリング変換（RRT）、出力デバイス変換（ODT）、いずれも画像にベイクされない

- ST 2065-4：OpenEXRヘッダーの必須メタデータフィールド
  Nukeなら自動で処理されます！

続いて、**ACES**準拠の関連機能と仕様を見ていきましょう。また、NukeでACES準拠のEXRを生成する際の**書き込み（Write）**ノードの設定がいかに簡単かもご覧いただきます（図8.4）。

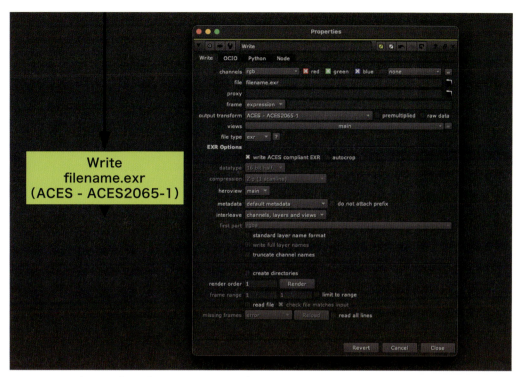

図8.4 Nukeの書き込み（Write）ノードにおけるアカデミーカラーエンコーディングシステム（ACES）準拠EXRの設定

まずはビット深度です。ACESには16ビット精度（**半浮動小数点数**）が必要になります。圧縮はしません。Nukeの書き込み（Write）ノードの「**write ACES compliant EXR**」チェックボックスをオンにすると、前述の2つの要素が設定されますが、書き込むチャンネルは自分で指定する必要があることに注意してください。ACES準拠のEXRは、RGBおよびRGBAの**モノビュー**または**ステレオスコピック**を受け入れます。「**write ACES compliant EXR**」チェックボックスのもう1つの利点は、ACESの規格を満たすために必要なメタデータも自動的に書き込まれることです。

設定は以上です。ACES準拠のEXRに関しては、次のことを覚えておいてください。1フレームにつき1ファイル（これは言うまでもありません）。命名規則やフレームのパディング数に制限なし（ただし計画的に）。RGBまたはRGBAチャンネル、**モノ**または**ステレオスコピック**。ビット深度は**16ビット半浮動小数点数**。**非圧縮、色空間ACES2065-1**です。LUTやその他の色変換はデータにベイクされない。**必要なメタデータ**は自動的に処理される。大体こんなところです。

- チャンネルを選択する
- 「**output transform**」ノブを「**ACES2065-1**」に設定する
- 「**write ACES compliant EXR**」チェックボックスをオンにする

あとは「Render」を押せば完了です！

注釈

1   **パラメータのベイク**：ベイク処理とは、コントロール対象外の要素に、さまざまなコントロールによって駆動された結果の要素を適用し、そのプロパティに影響を与え、その結果を要素固有のプロパティに平坦化するプロセスです。

9

ACESの色変換

ACESのカラーワークフロー図をしっかり理解できるようになるために、最後に**ACESの色変換**の構成要素について学んでおきましょう。

ACESシステムはさまざまな種類の色変換で成り立っています。それらが連携してエンドツーエンドで色を処理し、統一的なワークフローを実現します。カラーマネジメントワークフローの整合性を保つためには、カメラから画面まで、その間にあるすべての段階を知ることが大切です。大変そうに聞こえるかもしれませんが、心配はいりません。カラーマネジメントワークフローにおける**ACESの色変換**の構造はいたってシンプルです。エンドツーエンド、最初から最後までを1本の線で表してみましょう（図9.1）。

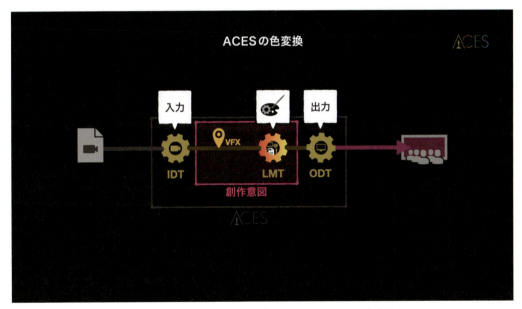

図9.1 アカデミーカラーエンコーディングシステム（ACES）のエンドツーエンドの色変換

このワークフローでは3種類の要素を扱います。入力変換、出力変換、そして1つ以上のルック修正変換（クリエイティブ変換、この要素は使わない場合もあります）。以上が、私たちが扱うカラーパイプラインの構成要素です。念のために確認しておくと、これがカラーマネジメントワークフローにおいてVFXで行う処理です。

それでは、ACESの色変換について詳しく見ていきましょう。

入力デバイス変換（IDT：Input Device Transform）

IDTは入力デバイス変換（Input Device Transform）の略で、単に入力変換と呼ばれることもあります（図9.2）。この処理の目的は、元のカメラデータを処理して、シーンの記録された光を（その確立されたホワイトバランスとの関係において）、ACESシーンリニアマスター色空間（ACES2065-1）のACES RGB相対露光値に変換することです。

図9.2 アカデミーカラーエンコーディングシステム（ACES）の入力デバイス変換（IDT）

通常、カメラのIDTの開発はカメラメーカーが担います。そのカメラを一番よくわかっているのはメーカーだからです。しかし、メーカーからIDTがリリースされていない場合は、コミュニティがその穴を埋めるべく、**ユーザー由来のIDT**を開発することも可能です。これはオープンソーステクノロジーのメリットです（それでも、IDTを作成するのはメーカーから入手できない場合だけにすべきです。「**芸術的な選択肢**」ではなく、技術的なアプローチであり、CTLプログラミング言語で記述します）。ACESパイプラインに含めるフッテージには必ずIDTが必要です。同じカメラであっても、ライティング条件によっては（たとえばホワイトバランスの違い）で、カメラの設定に応じて複数のIDTが存在することもあります。同じカメラで、1つは**昼光用**（**CIE光源D55対応**）、もう1つは**タングステン用**（**ISO 7589スタジオ用タングステン光源**対応）に最適化された、少なくとも2種類のIDTが用意されているのがかなり一般的ですが、**曇天の昼光**や**蛍光灯**など、メーカーは映画撮影における別の一般的なライティングシナリオに合わせたIDTを提供することが推奨されています。

参照レンダリング変換（RRT：Reference Rendering Transform）　197

入力デバイスの色空間は、**シーン参照のカラリメトリー（色度測定）**として扱われます。つまり、元のカメラデータは、キャプチャしたシーンを想定される照明光源（シーンの場合は白）で照らした状態から、**カラーレンダリングされていないRGB**画像値という形で取得されるため、ディスプレイの色変換なしでは視覚化できません。一方、**ACESのディスプレイ参照のカラリメトリー（色度測定）**は、特徴的なS字曲線でエンコードされる従来のフィルム画像レンダリングに似ていますが、**ACES 2065-1**はディスプレイ色空間ではないことに注意してください。シーンの相対露光値を使用するため、ワークフローでは依然として**シーン参照**です。

ここで問題になるのが、「ほかのどの処理よりも先に、RAW素材にIDTを適用するのか？」です。厳密にはそうではありません。IDTは、**ダークフレーム減算**、**ノイズリダクション**、**フラットフィールディング**、**デモザイク**、**デバイス固有のRGB色空間への変換**、**ブレ除去**といった、RAW素材の基本的な処理の後に適用されることが想定されています。こうした処理を適用する必要がある場合は、IDTを適用してACESワークフローに入る前に行わなければなりません。また、これらの処理の前に**リニア変換**や**ホワイトバランス**の処理を行うときは、同じ操作を2度繰り返すのを避けるために、リニア変換や**ホワイトバランス**をIDTから除外する必要もあります。

カメラデータ以外の画像、たとえば**フィルムスキャン**画像や、インターネットなどから取得した**sRGB**画像、ほかにもACESカラーワークフローへのレンダリングを想定していないCGIなどのためのIDTもあります。むしろ、そうしたIDTの方が一般的です。

ACES IDTが適用されると、フッテージはACESカラーマネジメントワークフローに入りますが、視覚化するためには、重要な色評価に使用するディスプレイに適した**ACES RRT**と**ODT**を使って、色をレンダリングする必要があります。次は、その変換について説明します。

■ 参照レンダリング変換（RRT：Reference Rendering Transform）

RRT（図9.3）は、ACESワークフローの「**レンダリングエンジン**」要素と考えてください。RRTは、リニアの**シーン参照のカラリメトリー（色度測定）**を**ディスプレイ参照**変換します。S字曲線を用いた従来のフィルム画像レンダリングに似ていますが、より広い**色域**と**ダイナミックレンジ**で、あらゆる出力デバイスに（まだ見ぬ未来のデバイスにも）レンダリングできます。ただし、RRTだけではデータを表示することはできません。データを画面に映し出すためには、RRTを必要な**ODT**と組み合わせて、ディスプレイやプロジェクターで表示可能なデータを作成する必要があります。**RRT**の出力は、**出力カラーエンコーディング仕様（OCES：Output Color Encoding Specifications）**と呼ばれます。ACESではなくOCESです、タイプミスではありません。ODTについてはこの後すぐに説明しますので、心配しないでください。Nukeでは（ほかのソフトウェアも同じです）、RRTは自動で処理されるため、ターゲットディスプレイに適した**ODT**を使用しさえすれば大丈夫です。RRTは、**ODT**に不可欠な、ソフトウェア内部で行われる技術的な処理です。アーティストである皆さんは、**ODT**と一緒に処理されるものだということだけ理解しておいてください。さて、次はその**ODT**について見ていきましょう。

図9.3 アカデミーカラーエンコーディングシステム（ACES）の参照レンダリング変換（RRT）

■ 出力デバイス変換（ODT：Output Device Transform）

ODTは**出力デバイス変換**（Output Device Transform）の略で、**ACES出力変換**とも呼ばれます（図9.4）。**出力変換**は、ACES処理パイプラインの最終ステップにあたります。**超広色域**で**HDRデータ**を含む**RRT**を、**P3**、**Rec. 709**、**Rec. 2020**など、任意の画面とその色空間に適応させます。モニター、テレビ、プロジェクターの種類ごとに独自の色空間があるため、ターゲットの画面に適切なものを出力するようにしてください。たとえば、本書の前半でも説明したように、従来のコンピュータのモニターでは依然として**sRGB**色空間が使われていますが、**HDTV**では**Rec. 709**が、従来のデジタルシネマ映写機では**P3**が採用されています。画像を適切に画面に表示させるためには、ディスプレイについてよく理解しておくことが大切です。

ここで、先にひと言お断りしておきます。Nukeでは、**RRT**は**ODT**と一緒にソフトウェア内部で自動的に処理されます。したがって、この先、**ディスプレイ出力変換**について説明するときは、「**RRTとODTを一緒に**」という意味で、わかりやすくシンプルに**ODT**とだけ書かせてください。いずれにせよ、Nukeでは**RRT**については何もすることはありません。

ここまで、最初と最後の**変換**について学んできました。続いて、ワークフローの中盤の**変換**について見ていきましょう。しかし、具体的な**ACES変換**の話に入る前に、ACESワークフローだけでなく、あらゆるカラーマネジメントワークフローで撮影監督に広く使われている要素、**カラーディシジョンリスト（CDL）**について説明しておきたいと思います。

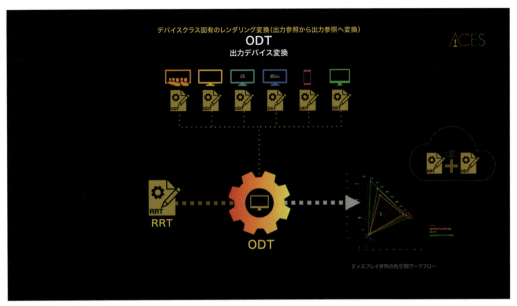

図9.4 アカデミーカラーエンコーディングシステム（ACES）の出力デバイス変換（ODT）

■ 全米撮影監督協会（ASC）のカラーディシジョンリスト

カラーディシジョンリスト（CDL）は**ACESの変換**ではありませんが、ACESのワークフローで**LMT**として利用でき（この後で説明します）、非常に一般的なものなので、**CDL**をきちんと理解しておくことをお勧めします。

全米撮影監督協会のカラーディシジョンリスト（ASC CDL） は、さまざまなメーカーの機材やソフトウェア間で基本的なプライマリのカラーグレーディング情報をやり取りするための形式です。**スロープ**、**オフセット**、**パワー**の3つの関数の計算と、**サチュレーション**（**彩度**）を調整するコントロールが定義されます。**ASC CDL**を使えば、ある場所のあるデバイスで行われた色補正を、別の場所の別のデバイスに適用したり、変更することができます。たとえば、ロケ現場の撮影監督が小型のポータブルデバイスで色補正を施し、ポストプロダクションのカラリストに**ASC CDL**色補正を送れば、カラリストはそれをもとに最終的な色補正を行えます。この方法で「**ルック**」を効果的に伝達するには、**キャリブレーション**、**表示環境**、**デバイス**、そしてたとえば「**フィルムルック**」のような**出力変換**を極めて注意深く管理する必要があります。通常、「ルック」は最初からその後の表示まで、同じでなければならないからです。それゆえ、撮影現場からポストプロダクションまで、一貫した正確なカラーマネジメントが重要になります。では、それぞれの数学関数を図で見てみましょう。

▶ スロープ

スロープは、画像に一番最初に適用される演算です。ご存知のように、適用される順番が結果に影響します（図9.5）。スロープは、コード値に係数を乗算します。つまり、**スロープは乗算演算**です。R、G、Bの各パラメーターを個別に、またはまとめて変更できます。乗算演算の代表的な特徴は、図を見ればわかるように、ポイント0、つまり純粋な黒（曲線の始点）は常に同じで、入力値が高くなるほど、乗算係数の影響を大きく受けることです。乗算はいわば露光の仮想スライダーです（光の量を「**乗算**」します）。**スロープ**を使って光の量を増減できるというわけです。スロープのデフォルト値は1です。ご存知のように、何かに1を掛けても何も変わりません。

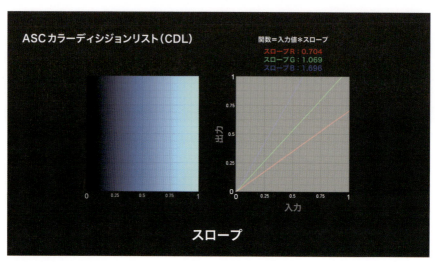

図9.5 全米撮影監督協会のカラーディシジョンリスト（ASC CDL） – スロープ

▶ オフセット

スロープの次に適用される演算は、**オフセット**です（図9.6）。**オフセット**は、すべてのコード、つまり入力値に特定の値を加算または減算します。図の通り、入力曲線上の位置に関係なく、すべての値が同じ距離だけ変化します。オフセットは**プラス**演算子です。重要なポイントは、曲線全体が平行移動することで、**ブラックポイント**と黒レベルは**明るい領域**と同じだけ変化するところです。ただし、知覚の問題により、**オフセット**は暗い箇所でより目立ちます。同じわずかな変化でも、曲線の下の領域の方が上の領域よりも目立つという「**丁度可知差異**」について、前に説明したのを覚えていますか？ そのため、画像のコントラスト分布が変わらないという利点から、**黒レベル**を変更するのによく使われます。このグラフで、コントラストは線の傾きで表されます。傾きが大きいほどコントラストが高くなります。**オフセット**はこの傾きを変えることなく、全体を上下に移動します。**オフセット**のデフォルト値は0です。ある値に0を加算または減算しても、値は変わらないからです。これらの演算のいずれかがデフォルト値を使用している場合は「**静止状態**」となり、結果は何も変わりません。

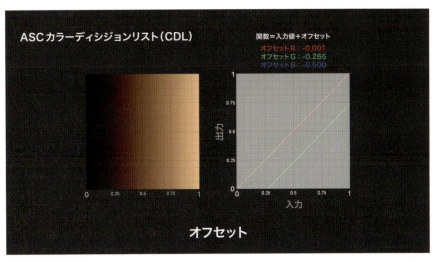

図9.6 全米撮影監督協会のカラーディシジョンリスト（ASC CDL） - オフセット

▶ パワー

スロープ、**オフセット**に続いて3番目に曲線に適用される演算は**パワー**（指数）であり、つまり前の演算の結果の値を累乗する**パワー関数**です（図9.7）。入力値は0〜1の範囲に正規化されるため、**パワー**関数はその間の小数の位置に適用され、曲線の両端、つまり0と1は常に同じになります。0はどんな数値で累乗しても0になり、1はどんな数値で累乗しても1になります。したがって、パワー関数はその「中間」の値を扱います。曲線の「**中間調**」が変化し、中間より下の部分（人間がより多くのディテールを知覚できる部分）にいくほど若干強調されます。私はこのパワーを、コントラストのバランス配分を見るためによく使います。図を見るとわかるように、パワーの値を増減すると曲線が曲がります。つまり、曲線の一部を「**横方向に平らにし**」、反対側を「**縦方向に傾ける**」ことで、半分はコントラストを上げて、もう半分はコントラストを下げることになりますが、**ブラックポイント**と**ホワイトポイント**はそのままです。パワー関数は**ガンマ**演算とよく似ているように思うかもしれません。しかし、動作が同じように見えても、それらは同じではありません。混乱を避けるために、両者は別物であると考えるようにしてください。ちなみに、パワーのデフォルト値は1です。どんな数値も1乗すると元の数値と同じままになります。

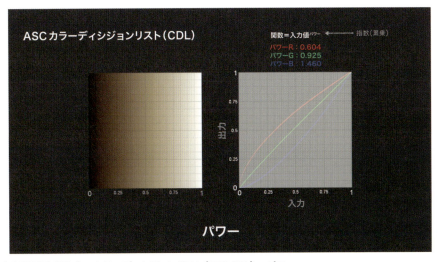

図9.7 全米撮影監督協会のカラーディシジョンリスト（ASC CDL） - パワー

▶ サチュレーション

スロープ、オフセット、パワーの3つのコア演算の適用後、さらに3つのカラーチャンネルすべてに一度に作用するフィルターおよびパラメーターが1つ適用されます。それが**サチュレーション**です（図9.8）。**サチュレーション**は3つのチャンネル間のバランスに影響します。サチュレーションを上げると、あるチャンネルの値のピークとほかのチャンネルの値のピークの間のアンバランスが大きくなり、サチュレーションを下げるとチャンネル間のアンバランスが小さくなります（色成分は**Rec. 709マトリクス**の値で重み付けされます）。言い換えれば、輝度は変えずに彩度を変更するということです。ご存知のように、RGBの成分ごとに、結果の輝度に与える影響は異なります（緑の影響が最も大きく、青が最も小さい）。サチュレーションでは、RGBの入力値の間にアンバランスが生じるということを覚えておきましょう。サチュレーションが高いほどR、G、Bの値が大きく離れ、サチュレーションが低いほどRGB値が重なり合うことになります。サチュレーションのデフォルト値は1です。

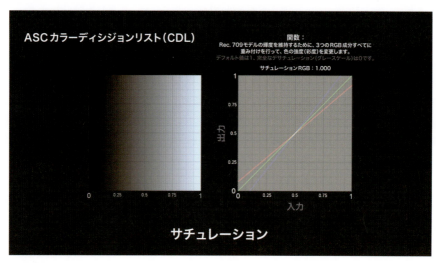

図9.8 全米撮影監督協会のカラーディシジョンリスト（ASC CDL）- サチュレーション

▶ ASC CDLのファイル形式

カラーディシジョンリストを保存できるファイル形式を見てみましょう。

ASCは、ASC CDLデータを、色補正後のフッテージ、使用した入力信号の種類、そして表示デバイスと環境に関するメタデータとともにやり取りするためのXMLスキーマを定義しています（図9.9）。また、ASC CDLデータを、Avid Log Exchange（ALE）、Film Log EDL Exchange（FLEx）、Edit Decision List（CMX）、eXtended Markup Language（XML）の各種ファイル形式で使用する方法も標準化されています。

図9.9 全米撮影監督協会のカラーディシジョンリスト（ASC CDL）のファイル形式

各関数は赤、緑、青のカラーチャンネルに数値を使用し、合計9つの数値で1つのカラーディシジョンを構成します。10番目の数値である**サチュレーション**はバージョン1.2のリリースで規定されたもので、R、G、Bカラーチャンネルの組み合わせに適用されます。これらの値はファイルに図9.10のように記述されます。

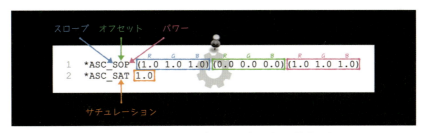

図9.10 全米撮影監督協会のカラーディシジョンリスト（ASC CDL）のデータ構成要素

前述したように、CDLは厳密にはACESの構成要素ではありませんが、ACESの色変換セット内で**LMT**を使用することで、ACESワークフローと互換性を持たせることができます。**CDL**はよく使うものですので、ACESの最後の構成要素の説明に進む前にしっかり理解しておきましょう。それでは、次はLMTです。

ルック修正変換

ルック修正変換（LMT：Look Modification Transform）は、**ACES**の非常に強力な構成要素で、ACESベースのワークフローに驚くほどの柔軟性をもたらします。**LMT**はACEStoACESの変換です。**ACES出力変換**（実際は**RRT + ODT**）を経て表示される、ACESでエンコードされたデータの外観を体系的に変更します。つまり、**LMT**をACESワークフローに適用するのは、対応する**IDT**を用いてフッテージをACESパイプラインに取り込んだ後になります。VFXショットの場合、**LMT**は通常、ショットの合成処理の後、つまりVFXの完成後に適用されます。しかしNukeでは、**LMT**を合成処理に組み込んで、ショットが意図した通りに画面に表示されるかどうか、結果を視覚的に確認することができます。映画制作者の芸術的意図を常に念頭に置きながらVFX作業を行うことで、観客の視線を思い通りにコントロールできるうえ、最終的にショットをDIに渡したときに「思っていたのと違う」となる状況を避けることができます。

LMTは、ACESベースのワークフローの中で、画像の「ルック」に無限のバリエーションをもたらすメカニズムです。出発点となるデフォルトの参照レンダリング以降、行われた調整はすべて、ACESフレームワーク内の「ルック」とみなされます。この定義に従うと、「ルック」は、開始時のグレードを定義する現場からのASC CDLの値と同じくらいシンプルな場合もあります。LMTが存在するのは、色の操作は時として複雑になることがあるからです。複雑なルックのためのプリセットがあれば、カラリストの作業効率が向上します。主な違いは、画像修正をインタラクティブに行えることです。あらゆる種類の演算が含まれるので、フレーム全体を修正することも(**プライマリグレード**または**ファーストライト**)、部分的に修正することも(**セカンダリグレード**)、またはより一般的に**グレーディング**だけ行うこともできます。ACESの用語では、プリセットの体系的なフルフレーム、つまり、**プライマリグレード**の画像修正を「**ルック修正**」と呼びます。制作者の創作意図を実現するために、一連のクリップまたはタイムライン全体に対して、カスタムかつ体系的に色を変更できます。

LMTは、常にACESからACESへの変換です。つまり、LMTは、カメラネイティブの画像データからACES 2065-1色空間に(対応するIDTを使用)直接変換されたフッテージに適用されます。LMTの出力はACES 2065-1色空間(ACESではあるものの、元のルックからは変更されていることを示すため、文書ではACES'と記されます)のままですので、この変更された新しいデータセットを表示するには、通常どおりACES出力変換が必要です。LMTは、ACESシーン参照のワーキングスペース内で処理されます。

フッテージをACESに取り込んだら、さまざまな用途にLMTを利用できます。一般的な使用例をいくつか見てみましょう(図9.11)。

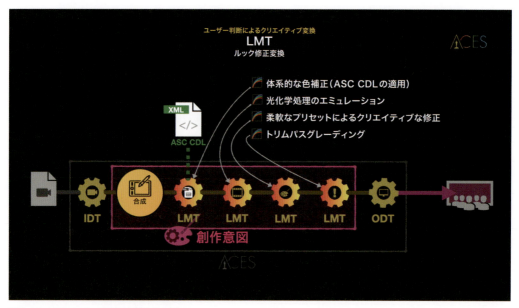

図9.11 ACESのルック修正変換(LMT)

まず最初に紹介したいのは、CDLなどを適用することによる、**体系的な色補正**です。

ルック修正変換　　205

これは、**グレーディング**の出発点にもなるものです。**LMT**は、カラリストが画像のグレーディングや操作に用いる従来のツールを提供します。プロジェクト全体に使用すれば、すべてのショットのコントラストと彩度を下げることができます。カラリストは比較的平坦で落ち着いた色調の画像から作業を始めることが多いため、この使い方はぴったりです。

また、**光化学処理のエミュレーション**、「**ブリーチバイパス**」、**テクニカラー**特有の色再現など、既存の**ルック**に合うように変更するためにも使用されます。

最もポピュラーな方法の1つが、**プリセット**を作成することです。プリセットがあれば、画像ソースに関係なく、あらゆるコンテキストでルックを再利用できます。**LMT**は基本的に**プリセットのルック**ですが、プリビルドのフィルターを集めた「**ルックのライブラリ**」を作成しておけば、どんなプロジェクトでも、グレーディングの出発点や「Show LUT」ルックをスピーディーに決定できるのでお勧めです。そこから、グレーディングを調整していけばよいのです。このようなルックは極めて複雑でクリエイティブです。カラリストは、自分（そして映画制作者）が望む**ルック**をすぐに確認でき、その分、クライアントからのショット全体や部分的な色に関するクリエイティブなリクエストに時間をあてることができるため、作業効率がアップします。なお、**ACES**では、的確に設計された**LMT**は交換可能です。

もう1つ挙げておきたい使い方は、**トリムパスグレーディング**です。**トリムパス**の目的は、非標準の環境で表示する場合を想定して、画像を「**強調**」することです。たとえば、ある映画をHDRでグレーディングした場合、まずはそれがリファレンスマスターになります。その後、テレビ用のSDR版を作成する際は、根本的に異なる**Rec. 709**色空間の**ODT**を使用することになります。**ODT**によってプロシージャルな**トーンマッピング**が適用され、全体的にHDRルックからSDRへ最適な変換が行われますが、SDRの制限により、HDRグレーディングの特定の色の要素が失われたり、正しく表示されなかったりします。そこで、こうした問題を「**修正**」するために**トリムパス**を利用します。トリムパスは、特定のメディア用に画像を「**強調**」するために、その特定の**ODT**と連携するように設計されたもう1つの最終**LMT**です。

大切なのは、**ACES**カラーマネージメントパイプラインの中で、**LMT**が画像とその創作意図を表現できること。そして、それが**エンドツーエンド**で継承され、尊重されることです。私たちVFXアーティストにとって、これは**カラーマネジメントワークフロー**の極めて重要な要素です。**ACES**に取り込んだばかりのカメラフッテージで作業をするときも、画像の最終的なルックを視覚化することができるからです。

この章では、カメラから画面まで、ACESパイプラインのエンドツーエンドを見てきました。

ここで、一般論として、**シーン参照ワークフロー**についてお話ししたときのことを思い出してみてください。数ページ前にご覧いただいたACESの図は、すっかり理解できたのではないでしょうか。さあ、次はいよいよ、VFXのためのACESワークフローです。次の章では、例を見ながら、実際の**ACESシーン参照VFXワークフロー**を理解することで、この本のテーマの締めくくりとしたいと思います。

10

ACESのシーン参照VFXワークフローの例

さあ、いよいよ本題です。本書で学んだすべてのことが、私たちをここまで連れてきてくれました。

前の章で用いたシーン参照のカラーマネジメントワークフローのパイプラインマップを、ACESのワークフローと比較して、似ている点、違う点を確認しましょう(図10.1)。

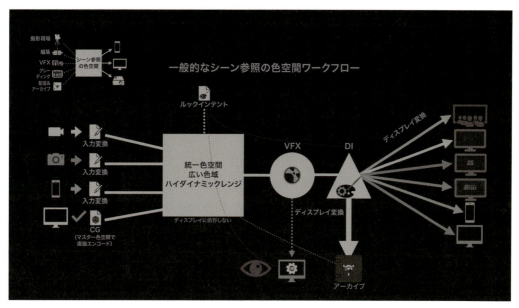

図10.1 一般的なシーン参照の色空間ワークフロー

カラーマネージメントと、VFXワークフロー図（図10.1）について、皆さんが本当に理解できているかを実際に確認していきましょう。まずは、プロジェクトのハブとして、すべてのフッテージとCGを扱う基本のソフトウェアから始めましょう。ここでは業界標準であるNukeを使用します。本書で学んだ基本を理解できていれば、Nukeがいかに多用途で、いかにセットアップが簡単かがわかるはずです。

この図の最初のポイントは、Nukeのワークスペースです。

■ Nukeを使用したエンドツーエンドの ACESカラーマネジメントワークフロー

パネルの「Project Settings」で、「color management」をOpenColorIOに設定し、「OCIO config」でACESを選択すると、Nukeのワーキングスペースが自動的にACEScgにセットアップされ、その他のデフォルトの規格や、想定されるさまざまなタイプの画像の推奨の色空間が設定されます（図10.2）。これでNukeの準備は完了です。なお、ACEScgはリニアです。メインのACES色空間であるACES2065-1と混同しないように注意してください。 ACEScgは、VFX部門がそれぞれの基本フレームワーク内で、リニア色空間で作業できるように設計されたものです（図10.3）。

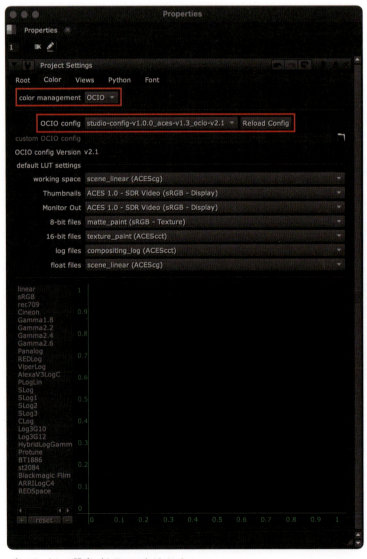

図10.2 Nukeのプロジェクトの設定／カラーマネジメント

図10.3 アカデミーカラーエンコーディングシステム（ACES）のシーン参照VFXワークフローの例 –
　　　 NukeのACEScgワークスペース

では、カメラフッテージを取り込んでみましょう（図10.4）。

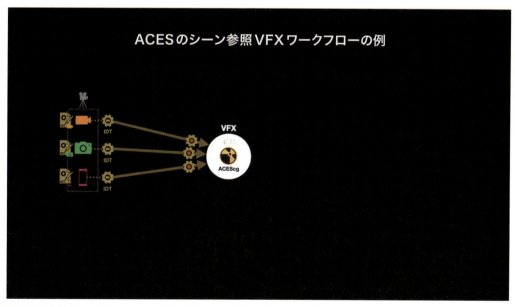

図10.4 アカデミーカラーエンコーディングシステム（ACES）のシーン参照VFXワークフローの例 –
　　　 カメラフッテージ＆入力デバイス変換（IDT）

デジタルシネマカメラ、ビデオカメラ、さらにはスマートフォンで撮影したビデオなど、追加するソースはさまざまです。これらをカメラソースと呼びます。必要な設定は、読み取り（Read）ノードのプロパティの「Input Transform」ノブで、ソースごとにIDTを選択するだけです。すると、すべてのフッテージが

自動的にそれぞれ適切なカラリメトリー（色度測定）で解釈され、**ACESワークフロー**に取り込まれます。**Nuke**にはあらゆる**IDT**があらかじめ用意されているため、何もインポートする必要はありません。メニューから選択するだけです。そして、これが**ACES**ワークフローの最初の**色変換**になります。しかし、合成のプロセスでは、現場で撮影したカメラフッテージ以外に、たとえばライブラリの**ストック映像**なども扱うのが普通です。その場合もやることはまったく同じで、適切な「**Input Transform**」を選択して元の色空間から取り込むだけです。たとえば、**Rec. 709**色空間でエンコードされたビデオクリップ（非常に一般的）を使う場合は、「**Rec. 709**」オプションを選択するだけです。**sRGB**でエンコードされたストックサービスの静止画を取り込む場合は（これもよく使われます）、「**sRGB**」入力変換ユーティリティを選択します。そう、本当に簡単です。どんなソースでも取り込めますが、カラリメトリー（色度測定）が正しく維持されるように、正しい色空間を**入力変換**として適用してください（図10.5）。

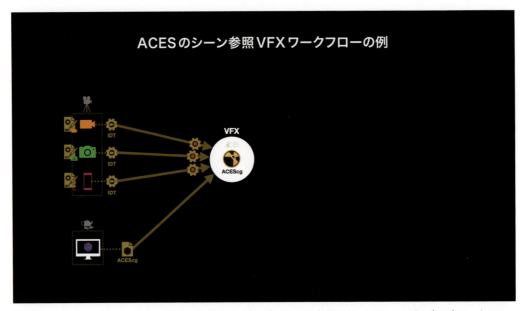

図10.5 アカデミーカラーエンコーディングシステム（ACES）のシーン参照ビジュアルエフェクト（VFX）ワークフローの例 – CG

CGはどうでしょうか？　CGは**ACEScg**色空間に直接レンダリングできるため、必要なのは**解釈**だけで、変換はいりません。これが最良のシナリオです。しかし、CGが**ACEScg**ではなく、単なる古いタイプのリニアである場合は、**リニア**色空間（エンコードされた色空間）を使用して取り込むだけです。でも誤解しないでください。それも可能ではありますが、**ACESカラーマネジメントパイプライン**で作業をするのであれば、CGは**ACEScg**色空間で直接レンダリングする必要があることをしっかり理解しておいてください。

カメラフッテージ、ストック映像、一般的な画像、CG……あとは何があるでしょうか。そう、VFXアーティストは単独で作業するケースは少ないですから、別のスタジオや部門から、事前に処理が施されたソース画像を提供されることもあるでしょう。適切に管理されたカラーマネジメントパイプラインなら、フッテージを**ACES準拠のEXR**形式で受け取ることも可能です。こうしたことがよく起きるのは、たとえば、カメラフッテージの取り込みを自分で行うのではなく、サードパーティのラボからネイティブカメラフッテージの

スキャンが提供されるようなケースです。この場合はご存知のように、**ACES準拠のEXRシーケンス**は**ACES2065-1**色空間を使ってエンコードされます。これについては、**入力変換**でこのように解釈されることだけ知っておいてください（図10.6）。

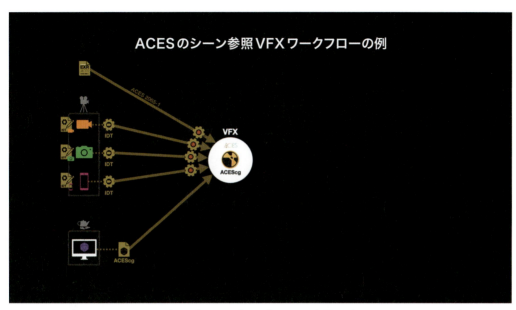

図10.6 アカデミーカラーエンコーディングシステム（ACES）のシーン参照のビジュアルエフェクト（VFX）ワークフローの例 – ACES準拠EXR画像シーケンス

素材の取り込みを示す図の最初の部分は、ご覧いただいた通り、すべて**IDT**に関するものでした。次は、中間の**ルック**（ACESでは**LMT**と呼ばれます）について見ていきましょう（図10.7）。

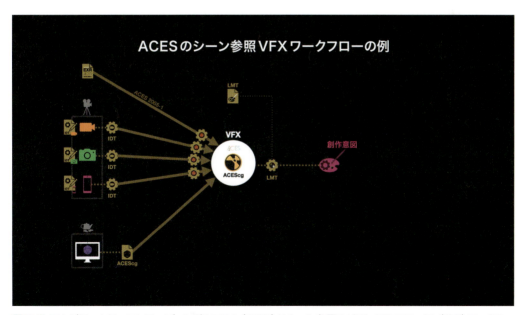

図10.7 アカデミーカラーエンコーディングシステム（ACES）のシーン参照のビジュアルエフェクト（VFX）ワークフローの例 – ルック修正変換（LMT）

ここでは、このLMTファイルでビューアーに適用したいLMTを紹介します。わかりやすいように1つだけ使用していますが、実際はいくつでも適用できます。処理は同じですが、色変換の順番が重要ですので、必ず正しい順番で適用してください。さまざまな種類のLMTを適用できるよう、Nukeの**カラー（Color）**ノードの**OCIO**メニューにはいくつかのノードがあり、必要なものを使用できます。たとえば、次のようなノードがあります。

- **OCIOFileTransform**：OpenColorIOライブラリを使用して、ファイル（通常は1Dまたは3D LUT）から色空間変換を読み込んで適用しますが、**ASC色補正XML**など、ほかのファイルベースの変換を読み込むことも可能です（図10.8）。

図10.8 Nuke – OCIOFileTransform

- **OCIOCDLtransform**：ASC CDLのパラメーターを手動で適用したり、カスタム**CDL**をエクスポートしたり、逆に提供された**CDLファイル**をインポートすることができます（図10.9）。

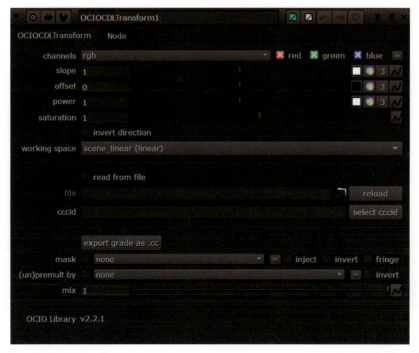

図10.9 Nuke – OCIOCDLTransform

- **OCIOLookTransform**：OpenColorIOのルックメカニズムを使用して、指定された通りにショット単位で色補正を適用します。**OCIO設定**を参照して、適用するルックを設定します。カンマまたはコロンで区切られたリストで、複数のルックをつなげることができます。このノードを使えば、適用されている色補正を逆方向に反転することもできます（**グレード（Grade）ノード**内の「**reverse**」**ノブ**もその例です）。方向は**direction**と呼ばれ、「**forward**」は変換の適用、「**backwards**」は逆方向の処理です（図10.10）。

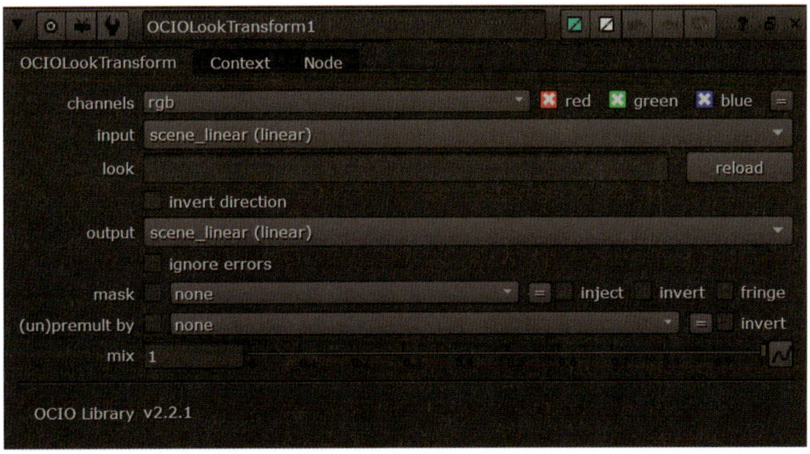

![OCIOLookTransform1プロパティパネル]

図10.10 Nuke – OCIOCDLTransform

これらの操作はすべて、色の観点から見た創作意図を表現します。必要に応じて色変換を結果の画像に**ベイク**することも、単に**入力プロセス**として**ビューアー**に適用することもできるため、元のソース素材のルックを実際に変更することなく、色変換を視覚化して確認しながら作業ができます。したがって、カラリストやほかの**DI**の技術者は、非VFXフッテージ（**ドラマショット**とも呼ばれる）と同じようにカラリメトリー（色度測定）パラメーターを適用できます。このようなケースは決して珍しくありません。**入力プロセス**は、（デフォルトでは）「**VIEWER_INPUT**」という名前の**グループノード**にカプセル化された複数のノードのグループであり、**ビューアー**上でのみグループ内のノードを処理します（図10.11）。

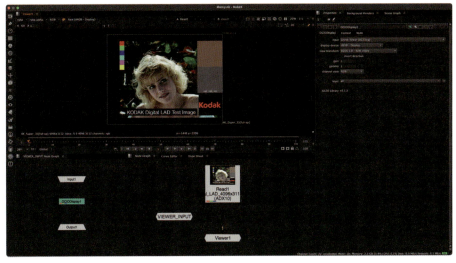

図10.11 Nuke – 入力プロセス

さて、残すは**ワークフロー**の最後の部分、つまり、画像を**モニター**やその他の画面にどうやって正確に表示するかです。そのためには、**ビューアー**を表示しているモニターの種類や外部**モニター出力**に応じて、適切な**ODT**を使用し、それに適した**色空間**を選択する必要があります。たとえば、従来型のコンピューターモニターの場合は「**sRGB（ACES）**」**ODT**を使用します（図10.12）。

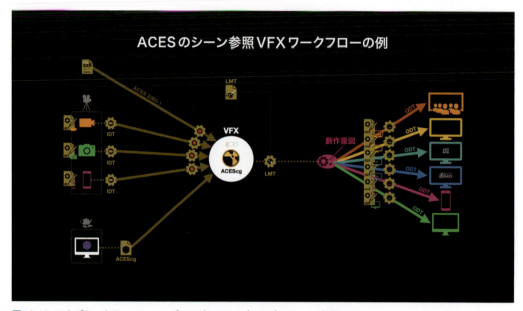

図10.12 アカデミーカラーエンコーディングシステム（ACES）のシーン参照のビジュアルエフェクト（VFX）ワークフローの例 – 出力デバイス変換（ODT）

ご覧のように、選択肢は実にさまざまです。上級ユーザーであれば、**OCIOdisplay**変換の**ビューアープロセス**パネルを使って、ほかのオプションを追加したり、既存のオプションを変更することもできますが、実際は**ビューアープロセス**に最初から表示されるデフォルトのオプションで十分に必要なものは揃っているはずです。**RRT**については自動で処理されるため、気にする必要はありません。

ここで最後に、「**ACESで配信用にエクスポートするにはどうしたらよいのか？**」という疑問が残ります。こちらも**書き込み（Write）ノード**と同じくらい簡単です。ただ、**ACES準拠のOpenEXRファイル**のシーケンスをレンダリングしなければならないことに注意してください。**ファイル形式**を**EXR**、**出力変換**を**ACES2065-1**に設定し、「**write ACES compliant EXR**」をオンにすると、必要なパラメーターが設定され、**ACES固有のメタデータ**がファイルに書き込まれます（図10.13）。

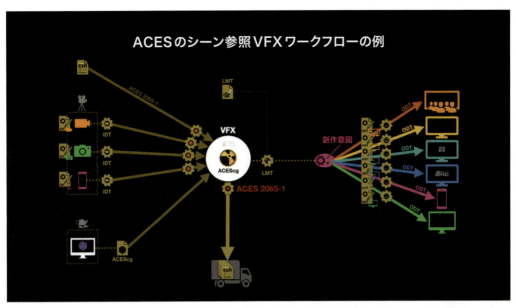

図10.13 アカデミーカラーエンコーディングシステム（ACES）のシーン参照のビジュアルエフェクト（VFX）ワークフローの例 – ACES準拠の成果物

以上です！　もう一度言います。ACESカラーマネジメントで管理するファイルをワークフロー内、部門間、スタジオ間でやり取りする際は、すべてACES準拠のEXR形式でなければならず、例外は認められません。

DaVinci Resolveを使用したACESカラーマネジメントワークフロー

ここでもう1つ、ポストプロダクションに広く使われている別のソフトウェアを紹介しましょう。ACESカラーマネジメントワークフローの例を用いて、4つの簡単なステップでセットアップの仕方を説明します。もちろん、プロジェクトのメインのワークフローに応じて、パイプラインの要件に合わせる必要があるかもしれません。それでも、ACESのワークフローは標準化されているため、ボタンの「意味」さえわかれば、ワークフローを調整、変更するのは実際のところ難しいことではありません。紹介するのはDaVinci Resolveです。DaVinci Resolveは小規模な自主制作プロジェクトから極めて複雑な制作まで、編集や成果物の準備に幅広く使用されています。 DaVinci ResolveもNukeもACESカラーマネジメントワークフローに準拠しているため、原則は同じです。

第10章：ACESのシーン参照VFXワークフローの例

4つのステップでResolveのセットアップを行います。

1. まず、プロジェクト設定を調整します。カラーマネージメントセクションの「**カラーサイエンス**」で「**ACEScct**」を選択し、ACESの最新バージョンを選びます（このプロジェクトに関わる全員が同じバージョンのACESを使用する必要があることに注意してください）。「**ACES出力トランスフォーム**」には、作業に使用しているディスプレイの色空間を選択します。通常、SDRには「**Rec. 709**」、HDRの場合は「**P3-D65 ST2084（1000 nits）**」を選択し、「**ACES中間グレー輝度**」を15.00ニットに設定します（図10.14）。

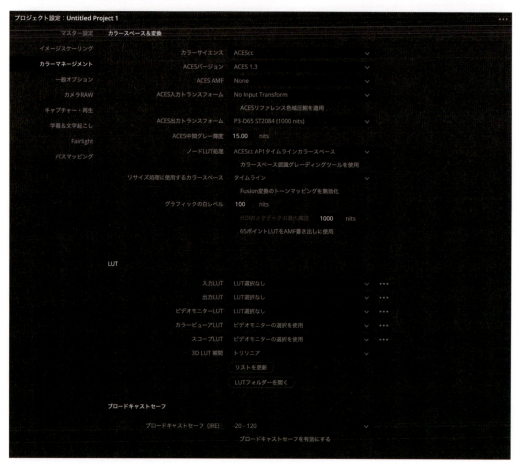

図10.14 DaVinci Resolveのプロジェクトの設定／カラーマネジメント

2. クリップをメディアプールにインポートする際、Resolveは必要な**ACES IDT**を使用してRAWクリップを解釈します。RAW以外の形式（たとえば**ProRes**）の場合は、（**メディアプール内の**）クリップを右クリックし、「**ACES入力トランスフォーム**」に移動して、リストから適切なものを選択します（図10.15）。

図10.15　DaVinci Resolve – 入力デバイストランスフォーム（IDT）

3. サードパーティのソフトウェアで使用できるように、**中間**ファイル（レンダリング）をエクスポートします。まず、この操作は**グレーディングする前のマスター**で行う必要があります。また、フッテージのやり取りには**ACES**準拠の**方法**を使用することが推奨されます。前述したように、これは**EXRファイルシーケンス**をレンダリングするための設定です。まず、**プロジェクト設定**の「**カラーマネージメント**」タブにある「**ACES出力トランスフォーム**」を「No Output Transform」にリセットします。これで、**マスターACES AP0プライマリ**（ACES2065-1色空間）がエクスポートされます（図10.16）。

図10.16 DaVinciのプロジェクトの設定／カラーマネジメント（アカデミーカラーエンコーディングシステム（ACES）の中間ファイルの設定）

4. 最後に、Resolveの**レンダー設定**ページでレンダリングをカスタマイズします。「**レンダー**」を「**個別のクリップ**」、「**フォーマット**」を「**EXR**」、「**コーデック**」を「**RGB half**」、「**フラットパス**」を「**常に有効**」(エクスポートするクリップにグレーディングを適用しないようにする) に設定します。「**最高品質でディベイヤー**」をオンにすると、さらに良い結果が得られる場合もあります。ほかにも、必要に応じてパラメーターを変更できます。たとえば「**解像度**」などを調整してみてください (VFX には最終的な配信解像度を推奨します。カメラやほかの解像度に依存する処理を追跡する予定がある場合は、フル6Kもお勧めです) (図10.17)。

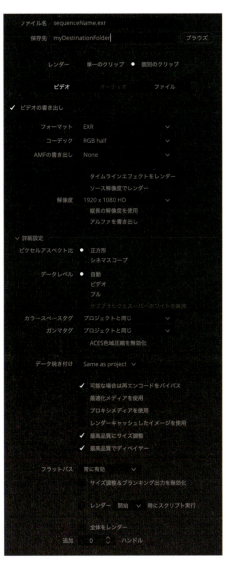

図10.17 DaVinci Resolve – アカデミーカラーエンコーディングシステム (ACES) のレンダリング設定

「**レンダーキューに追加**」を押して、**ACES準拠のEXEファイルシーケンス**を含むフォルダを目的のドライブに集めます。

これでもう、カラーマネジメントは怖くありません。確かにカラーマネジメントには、ワークフロー全体の整合性を保つために不可欠な操作もいくつかあります。しかし、ここまで一緒に見てきたように、自分は今いったい何をしているのか、なぜそのような状態なのか、なぜその方法を取る必要があるのかをしっかり理解すれば、このテーマは怖くなくなるどころか、わくわく楽しいものになるはずです！

索引

▶ 数字

4:1:1	30
4:2:0	30
4:2:2	30
4:4:4	29

▶ A

ACES	185
ACEScc	188
ACEScct	188
ACEScg	153, 188, 189, 190, 208
ACES 色補正用空間	188
ACES コンピュータグラフィックス空間	188
ACES 出力変換	198
ACES 準拠の EXR	191
AP	189
AP0	189
AP1	153, 189
Apple ProRes	75
ASC CDL	199
Avid DNxHD	76

▶ B

BT.2020	163
B フレーム	72

▶ C

CCD	22
CDL	199
CIE	82, 100
CIE xy 色度図	100, 112, 140
Cineon	55
CMOS	23
CMY	97

▶ D

D65	82, 169
D65 光源	110
DaVinci Resolve	215
DCI-P3	140
Delta E レベル	84
DI 126	
Digital Picture Exchange	66
DPX	66

▶ E

EOTF	142, 170, 171, 179
EXR	191

▶ F

F 値	15

▶ H

H.264	74
H.265	77
HDR	80, 166
HDR10+	171
HDR10 メディアプロファイル	169
HDR 信号値	180
HSL	97
HSV	97

▶ I

IDT	196
ISO 感度	20
I フレーム	72

► J

JND 172
JPEG 71

► L

lin-to-log 58
LMT 203
log-to-lin 58
L 錐体 6

► M

Motion JPEG 78
MPEG-4 78
M 錐体 6

► N

Nuke 208
Nuke ワークスペース 153

► O

OCES 197
OCIO 153, 188
OCIOCDLtransform 212
OCIOFileTransform 212
OCIOLookTransform 213
ODT 198
OETF 142
OOTF 142
OpenColorIO 188, 208
OpenEXR 67, 191

► P

Photo – JPEG 79
PIC 80
PNG 71, 79
PQ 163
PQ EOTF 176, 178

► Q

QuickTime Animation 75

► R

Rec. 709 160
Rec. 2020 .... 140, 161, 163
Rec. 2100 163
RGB 密度 159
RRT 197
RYB 97

► S

SGI 80
SMPTE 187
ST 2065 ファミリー 187
S 錐体 6

► T

TARGA 81
TIFF 67

► X

xy 色度図 100

索引 223

▶ あ

暗所視	10

▶ い

色温度	18
色解像度	147
色深度	39, 146
色の強度	108
色の再現範囲	108
色の量子化	69
色変換	195
色密度	143
インターフレーム	72
イントラコード化フレーム	72

▶ え

エントロピー符号化	70

▶ お

オフセット	200

▶ か

可視光線	4
加法混色	9
カラーキューブ	159
カラーサンプル	143, 159
カラーディシジョンリスト	199
カラーモデル	97
桿体細胞	5, 10
ガンマエンコーディング	52
ガンマ補正	163

▶ き

キーフレーム	71
輝度	27, 165

▶ く

クロマサブサンプリング	28, 69
クロマサブサンプリングのアーティファクト	31

▶ け

ケルビン	19
原色	111, 173
減法混色	9

▶ こ

光化学効果	11
口径比	15
光光伝達関数	142
光電伝達関数	142
光度	165
コーデック	74
黒体	19
固定小数点	41
混色	9
コンテナ	74
コントラスト比	164, 174

▶ さ

最小画像濃度	14
最大画像濃度	14
彩度	27
サチュレーション	202
参照色域	106
参照レンダリング変換	197

▶ し

シーン参照のカラリメトリー	197
シーン参照ワークフロー	128
色域	103
色相	102
色度	108
視細胞	9
指数	57
絞り	15

▶ て

出力カラーエンコーディング仕様	197
出力デバイス変換	198
出力伝達	114
出力変換	198
純紫軌跡	101

▶ す

錐体細胞	5
スーパーホワイト	49, 121
ストップ	165, 186
スペクトル軌跡	102
スロープ	200

▶ せ

正規化	44
正弦波	3
静的メタデータ	164, 170
セカンダリ色変換	125
センサーフィルターアレイ	24
センシトメトリー	13

▶ そ

双方向予測フレーム	72

▶ た

対数	57
ダイナミックレンジ	14, 164, 186
タプル	100
単精度浮動小数点数	41

▶ ち

知覚	5
チャンネル	148
チャンネル差キーヤー	31
昼光軌跡	110
超広色域	198
丁度可知差異	172, 178

▶ て

ディスプレイカラーボリューム	161
ディスプレイ参照演算	157
ディスプレイ参照ワークフロー	133
ディスプレイ変換	130
デジタルインターミディエイト	126
テレシネ	126
電光伝達関数	142, 179
伝達関数	114, 142, 153, 170

▶ と

統一色空間	129
等色温度線	109
動的メタデータ	164, 170
トゥルーカラー	148
トーンマッピング	170, 179
ドルビーシネマ	172
ドルビービジョン	171, 172

▶ に

ニット	165
入力デバイス変換	196
入力伝達	114
入力変換	196

▶ ね

ネイティブカラーワーキングスペース	153

▶ は

ハーフフロート	43
バイト	38
ハイブリッド・ログ＝ガンマ	170
波長	3
パワー	201
半精度浮動小数点数	43
バンディング	168

▶ ひ

ピーク輝度	169
ピクセル	36
ピクセルごとのビット数	40
ビット	146
ビット深度	39, 146, 193
ビットレート	73
ビューアープロセス	85
ピンホールカメラ	11

▶ ふ

浮動小数点	41
プライマリ色変換	125
ブラックポイント	119
プランキアン軌跡	82, 109
フレーム間圧縮	71
フレーム間符号化	71

▶ へ

ベイヤーパターン	25
変換符号化	69

▶ ほ

ポスタリゼーション	168
ホワイトバランス	18, 82
ホワイトポイント	107, 112

▶ め

明所視	10
メタデータ	175

▶ よ

予測フレーム	72

▶ ら

ラチチュード	14
ラッパー	173

▶ り

リニア LUT	120
リニア変換	45
リニアライト	45
リニアライトワークスペース	153
リファレンス モニター	84

▶ る

ルート	57
ルーマ	7
ルーメン	7
ルック	199
ルックアップテーブル	116
ルックインテント	131
ルック修正変換	203

▶ ろ

露光	11
ロスレス	68
ロッシー	68

▶ わ

ワーキングスペース	114, 187
ワード	38

ACESのワークフローが理解できる
カラーマネジメントガイド
色の原則、カラーマネジメントの基本、色空間、HDR

2024年12月25日 初版第1刷 発行

著 者	ヴィクター・ペレス	
翻 訳	株式会社 Bスプラウト	
発 行 人	新 和也	
編 集	加藤 諒	
発 行	株式会社 ボーンデジタル	

〒102-0074
東京都千代田区九段南一丁目5番5号 九段サウスサイドスクエア
Tel：03-5215-8671　　Fax：03-5215-8667
https://www.borndigital.co.jp/book
お問い合わせ先：https://www.borndigital.co.jp/contact

レイアウト	梅田 美子（株式会社 Bスプラウト）
フォント協力	フォントワークス株式会社（フォントワークスLETS）(MonotypeLETS)
印刷・製本	シナノ書籍印刷株式会社

ISBN：978-4-86246-624-2
Printed in Japan

Japanese Translation Copyright © 2024 by Born Digital, Inc. All rights reserved.

価格は表紙に記載されています。乱丁、落丁等がある場合はお取り替えいたします。
本書の内容を無断で転記、転載、複製することを禁じます。